国家自然科学基金项目(52004145)资助
江苏省杰出青年基金项目(BK20150005)资助
山东省自然科学基金项目(ZR2020QE119)资助

节理岩体锚固控制机理

陈　淼　杨圣奇　张广超　臧传伟　著

中国矿业大学出版社
·徐州·

内 容 提 要

本书以深部节理软岩巷道围岩支护问题为研究背景，针对节理岩体稳定性控制，综合运用室内试验、数值模拟、理论分析和工程实践相结合的方法，在节理岩体的力学响应特征及损伤演化规律、锚杆对节理岩体的加固止裂机制、节理岩体大变形灾害机理及构建深部软弱节理围岩巷道锚固控制技术体系等方面展开研究。相关研究成果丰富和完善了节理围岩控制领域的理论与技术体系，对于保证巷道围岩的安全稳定性具有重要意义。

本书可供从事地下工程领域的科技工作者、高等院校师生和工程现场生产管理者参考使用。

图书在版编目(CIP)数据

节理岩体锚固控制机理/陈森等著. —徐州：中国矿业大学出版社，2022.9

ISBN 978-7-5646-5566-2

Ⅰ. ①节… Ⅱ. ①陈… Ⅲ. ①节理岩体—岩土工程—锚固—研究 Ⅳ. ①TU753.3

中国版本图书馆 CIP 数据核字(2022)第 175307 号

书　　名　节理岩体锚固控制机理

著　　者　陈　森　杨圣奇　张广超　臧传伟

责任编辑　杨　洋

出版发行　中国矿业大学出版社有限责任公司

（江苏省徐州市解放南路　邮编 221008）

营销热线　(0516)83884103　83885105

出版服务　(0516)83995789　83884920

网　　址　http://www.cumtp.com　**E-mail**：cumtpvip@cumtp.com

印　　刷　徐州中矿大印发科技有限公司

开　　本　787 mm×1092 mm　1/16　**印张** 8.75　**字数** 224 千字

版次印次　2022 年 9 月第 1 版　2022 年 9 月第 1 次印刷

定　　价　50.00 元

前　言

随着经济的迅速发展和工业化进程的加快，矿产资源需求量和开采强度不断增大，浅部矿产资源逐渐枯竭，国内外矿山相继进入深部开采，深地资源空间开发与利用已成为我国中长期发展规划的战略方向。而深部岩体地质力学特点决定了深部开采与浅部开采具有明显区别：深部岩体处于高地应力环境中，巷道围岩本身是一种复杂的工程地质体，受构造应力和工程开挖扰动等因素影响，其内部含有各种各样尺度不等的结构面，如断层、节理、裂纹以及软弱面等。大量工程事故表明：岩体工程的失稳破坏，通常是环境应力作用下内部结构面的起裂、扩展以及贯通而产生新的剪切滑动面所引起的。

岩土锚固技术在节理岩体中表现出明显的加固作用，目前已成为岩土工程中不可替代的安全加固措施。但是随着巷道深度的增加，围岩地质环境不断恶化，以往浅部采用的支护方法适用性降低，锚固支护体系受到非线性扰动荷载作用后，锚固体承载能力大幅度降低，致使冲击地压、围岩大变形、支护系统大面积失效等灾害频次明显增加，对巷道工程的安全使用造成重大威胁。而锚固设计理论落后于工程实践的现状也限制了锚固技术的合理应用和发展。节理围岩的锚固力学行为受到外荷载类型、节理形态特征、支护结构差异等因素的影响，导致其力学响应及破裂演化规律十分复杂，而如何将锚杆对于节理岩体宏观力学上表现的强化作用与细观尺度上锚杆对于围岩内微裂纹萌生、扩展及贯通过程的影响作用相结合一直是岩石力学研究的难点。因此，要提高节理岩体锚固设计的合理性，减少或避免锚固失效所造成的工程灾害，必须掌握加锚前后断续节理岩体的力学响应规律及损伤规律，揭示锚杆对于节理岩体的锚固止裂机制，这对于评价及维护工程岩体的长期稳定性具有重要的理论意义和工程价值。

本书主要以深部节理破碎巷道围岩支护问题为研究对象，针对节理岩体稳定性控制这一科学问题，综合运用室内试验、数值模拟、理论分析和工程实践的方法，从节理岩体的变形破坏特性和锚杆加固止裂效应两个方面展开研究。本书共6章内容：第1章详细阐述了国内外节理岩体破坏机理、围岩锚固机理、节理岩体锚固作用及锚固节理岩体破坏规律模拟研究的现状，评述了存在的问题和不足之处；第2章在单轴压缩条件下研究了节理组倾角变化所引起的试样力学行为特征的差异，重点研究了含断续节理组试样加载过程中应变场演化、声发射特征及最终破坏模式特征，揭示了断续节理对围岩损坏演化的影响规律；第3章开展了不同锚固工况下加锚断续节理岩体的单轴压缩试验，研究了锚固类型、预应力大小、节理组倾角对锚固节理岩体宏观力学响应特征的影响规律，分析了锚杆加固对锚固体力学行为、强度参数、变形特征及岩体峰后脆性特征的影响；第4章采用数字散斑技术、声发射监测、锚杆轴力监测技术及X射线CT扫描系统，从宏细观角度多尺度对含断续节理锚固体的破裂演化过程进行研究，分析了节理组倾角和锚杆预应力对锚固体损伤演化过程和破坏特征的影响，揭示了加载过程中锚杆轴力与“锚杆-节理岩体”复合承载结构稳定性之间的关系，探讨了锚杆对于节理岩体的加固止裂机制；第5章以深部巷道为工程背景，采用块体离散元程序分析了巷道开挖过程中围岩的破裂演化规律，针对性提出了联合支护方案，并进行数值模拟和现场支护试验验证；第6章为研究成果总结。

本书主要是作者在中国矿业大学杨圣奇教授和澳大利亚蒙纳士大学P. G. Ranjith教授指导下完成的博士论文的主要研究成果，在此谨向恩师致以最诚挚的感谢和崇高的敬意！感谢陈绍杰教授、靖洪文教授、孟祥军研究员等给予的指导和帮助。在撰写本书过程中参阅了众多专家和学者的文献资料，在此向所有作者表示由衷的感谢。

此外，相关的研究和本书的出版，得到了国家自然科学基金项目(52004145)、江苏省杰出青年基金项目(BK20150005)、山东省自然科学基金项目(ZR2020QE119)的资助，在此表示感谢。

限于作者水平，书中难免有疏漏与不妥之处，敬请读者批评指正。

作　者

2021年12月

目 录

第1章　绪　　论

1.1　研究背景及意义

随着我国经济的发展与施工技术的提高，地下岩体工程正广泛应用于交通运输、矿山开发、石油天然气储备、军事设施等领域[1]。而地下工程的稳定性直接关系施工过程的安全性、工程造价的经济性及今后能否正常使用。工程岩体作为开挖以及支护的对象，其内部在漫长的地质历史年代中受地壳运动影响，呈现明显的不连续性，存在大量的断层、软弱层理、裂隙、节理等不同尺度的原生结构面[2]。这些不连续结构面一方面弱化了岩体的强度，另一方面使岩体呈现明显的各向异性。岩土工程的开挖打破了原有的应力平衡，导致围岩应力重新分布，在调整过程中开挖面浅部围岩内原闭合结构面在卸荷作用下往往会形成大量的非连续张开结构面，而应力集中区域则容易形成新生裂隙面，进一步弱化岩体，如图1-1所示。国内外众多岩体工程实践表明，岩体工程的稳定性取决于岩性、结构面情况和地应力状况。其中大部分岩体工程的失稳破坏是在环境应力（包括原生地应力、地下水、地震、开挖卸荷等）作用下，其内部节理、裂隙等的演化、扩展和贯通造成的。因此，经济有效地维护开挖空间围岩的稳定性成为地下工程建设的最大挑战之一。

(a) 断续节理岩体

(b) 原生裂隙贯通引起的煤柱破坏

图1-1　断续节理岩体及原生裂隙贯通引起的煤柱破坏[3]

为了保证岩体工程能够安全开挖及稳定运行，必须采取必要的安全加固措施，其中岩土锚固技术，无疑是保证岩体工程建设顺利进行和正常使用及控制围岩变形的有效措施[4-5]。锚固技术自20世纪50年代末传入我国以来，经过半个多世纪的发展和创新，目前已广泛应用于矿山、水电、土木建筑、交通等领域，由于其在对围岩强度的提高、变形的改善、支护成本的降低等方面的优势，已成为岩土工程中不可替代的安全加固措施[6]。国内外许多学者对锚固机理进行了理论分析、数值模拟、室内试验、现场试验等众多探索性研究，并取得了一系列重要的研究成果。

而随着工程围岩环境日趋复杂，在强扰动、高渗透压及高应力等环境下[7]，节理裂隙岩体内裂纹的扩展贯通极易引起围岩的非连续变形及失稳破坏。因此在进行围岩稳定性控制研究时，仅以均质完整岩石作为研究对象是不够的，岩体中的节理、裂隙等结构面往往对围岩的破坏失稳起决定性作用，而目前关于锚杆对于节理岩体的锚固机制研究还比较匮乏[8]。这导致目前关于锚固机制研究所取得的成果的准确性和适用性较低，在锚固工程方案设计中仍主要根据经验类比法，难以保证锚固工程的安全运行，锚固技术在使用中因支护方案不当而引起的围岩大变形、两帮片帮、顶板垮落等安全事故时有发生，如图 1-2 所示。

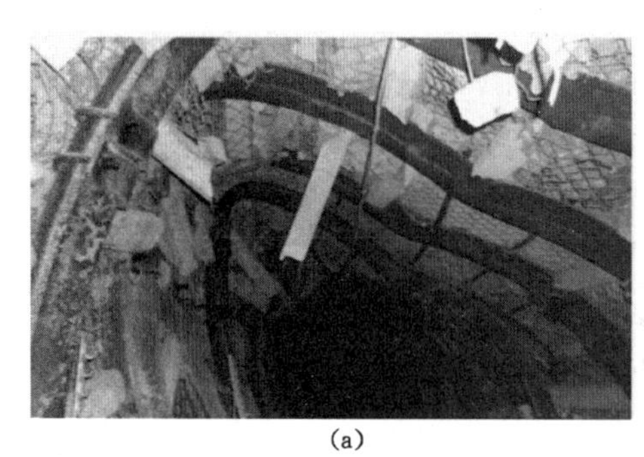
(a)

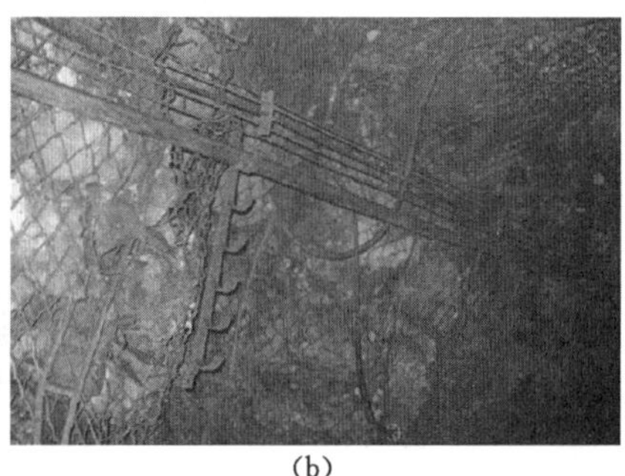
(b)

图 1-2　巷道大变形失稳破坏[4-5]

目前，关于锚固机制的研究和设计理论远远落后于工程实践的根本原因有以下几点：①由于岩体介质复杂多样性，目前尚无能够准确描述节理岩体的计算方法，而保障地下工程施工运行的安全和稳定，首先要掌握围岩内部缺陷所引起的围岩失稳机理；② 由于锚杆支护是一个复杂的相互作用系统，包括杆体、锚固剂、岩石、节理等多种材料，其力学作用机制极为复杂，而人们对锚固机理的研究还不够深入。因此，研究节理围岩的破坏规律，分析不同锚固形式对节理岩体的锚固止裂效应区别，使其得到充分发挥，对于推动锚杆支护的发展和保证岩体工程的稳定性具有重要意义。

基于此，本书以深埋矿山巷道工程为研究背景，以该类工程地质条件中最为常见的断续节理围岩为研究对象，采用物理模型试验结合离散元模拟试验的方法，对断续节理围岩的力学特性及破裂演化规律、锚杆对断续节理岩体的加固止裂机理等进行了研究，以期为科学合理地进行围岩加固设计和施工提供有益参考。

1.2　国内外研究现状

1.2.1　节理岩体破坏机理研究现状

天然岩体作为一种复杂的工程地质体，其内部存在大量不同尺度的节理、裂隙和断层等不连续面[9-10]。在环境应力作用下岩体常沿着这些预先存在的裂隙或断层滑移。而随着我国各类矿山、水电、交通等岩体工程的大量建设，各类由岩体中断续节理面贯通而引起的围岩失稳、滑坡等工程事故频发，对岩体工程的安全稳定运行造成巨大威胁[11]。为了保障工程的安全施工和稳定运行，需要首先弄清楚节理岩体的破坏机理，众多专家学者针对节理裂隙岩体开展了大量的研究工作。

1.2.1.1 简单节理岩体裂纹扩展的试验研究现状

为研究断续裂隙岩石中裂纹的起裂、扩展和贯通等过程，一般采用在试件中预制断续节理的方法进行研究，国内外学者对含单裂隙、双裂隙、三裂隙的试件进行了大量的物理试验及模拟试验，取得了丰硕的研究成果。

通过对单裂隙试验研究[12-15]发现：在压缩荷载作用下产生于节理尖端（或附近）的新生裂纹通常可以分为翼裂纹和次生裂纹，如图 1-3 所示。翼裂纹为初始萌生裂纹，属于张拉裂纹，产生于预制节理尖端（或附近），起裂后转向最大主压应力方向并继续扩展；次生裂纹同样起始于预制节理尖端（或附近），按扩展方向划分为次生共面裂纹（沿预制节理走向）和次生倾斜裂纹（沿预制节理法向，与翼裂纹萌生方向相反）。

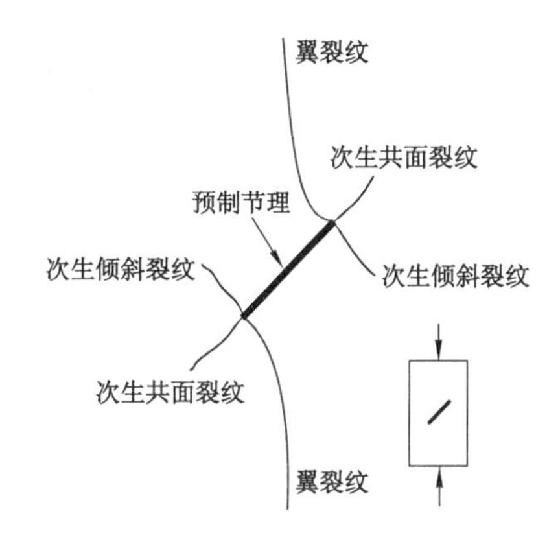

图 1-3 岩体中单个节理在单轴压缩情况下裂纹的类型
（修改自 A. Bobet 的研究成果[13]）

当试件含有 2 条及 2 条以上裂隙时，除了对其中一条裂纹的起裂和扩展进行研究外，裂纹的贯通模式也是研究的重点。R. H. C. Wong 等[16]对含 2 条倾斜平行裂隙的类砂岩试件进行单轴压缩试验，通过改变裂隙倾角、岩桥倾角以及摩擦系数，观察到 3 种典型的裂纹贯通模式，即剪切裂纹贯通、拉伸裂纹贯通、拉剪混合贯通。A. Bobet 等[17]采用石膏材料制成含 2 条非重叠裂隙模型试件进行单轴和双轴压缩试验，研究结果表明：翼裂纹一般在裂隙尖端萌生并逐渐向预制裂隙中部偏斜，但随着围压的增大，这种偏斜不再出现。L. N. Y. Wong 等[18-19]进一步研究了双裂隙试件单轴压缩裂纹扩展特征，总结了其在试验过程中观察到的裂纹贯通模式，研究指出：裂隙和岩桥倾角及岩桥长度均对裂纹搭接模式有不同程度的影响。H. Lee 等[20]采用不同材料预制了含 2 条不平行裂隙的试件，比较了材料所引起的拉伸裂纹的萌生及扩展路径的差异。S. Q. Yang 等[21-23]对不同组合形式的裂隙（包括非共面分布、共面分布及不平行分布等）进行了系统的试验研究，重点研究了裂纹的扩展过程以及裂隙倾角对强度和变形参数的影响规律。R. H. C. Wong

等[24]采用重晶石、砂、石膏和水等配制模型材料，并对预制断续三裂隙分布试件进行压缩试验研究，试验结果表明：裂纹贯通机制由裂隙分布和裂隙摩擦系数决定，总结了三裂隙试件失稳规则，即由较低贯通应力的那一组裂隙决定试件的贯通模式；除了节理分布，加载条件同样会对裂纹的贯通模式产生影响。P. Feng 等[25]的试验研究表明：在不同的静、动组合荷载作用下，两节理尖端的裂纹贯通模式均为拉伸翼裂纹贯通。张平等[26]对动荷载作用下断续裂隙试件的贯通机制进行了研究，研究结果表明：低加载速率下节理岩体强度增大的原因是动荷载作用下岩桥贯通模式与静荷载工况下不一致。

1.2.1.2 多节理岩体裂纹扩展的试验研究现状

在工程实际中，岩体内往往随机分布有多组裂隙，而多节理的存在会引起加载过程中节理周边应力场的相互叠加影响，进而影响节理之间的裂纹贯通模式，因此含多节理岩体内的裂纹贯通模式相较于少量节理（1～3 条）更加复杂[27-28]。

M. Sagong 等[29]采用石膏制作了包含较多节理的试件，研究了单轴或双轴加载条件下多节理岩体的裂纹贯通模式、破坏模式以及力学特性。试验结果表明：多节理岩块的破坏模式与双节理类似，并认为导致翼裂纹和次生裂纹产生及贯通的应力水平主要取决于节理的产状和数量，即随着裂隙倾角、间距及数量的增大，起裂应力也增大。M. Prudencio等[30]通过对断续节理试件的双轴压缩试验发现破坏模式和强度主要受以下因素影响：节理的产状、主应力方向及中间主应力与完整岩石强度的比值。试验中出现 3 种基本破坏模式——平面破坏、台阶破坏、新产生块体的翻转破坏。其中平面破坏和台阶破坏时试件强度大、位移小，而翻转破坏时试件表现出低强度、延展性大变形特点。在 M. Prudencio 等的试验基础上，M. Bahaaddini 等[31]采用颗粒流模拟软件 PFC 研究了断续节理几何参数对岩体单轴压缩条件下力学性质的影响，其在模拟过程中进一步将破坏模式分为 5 种，增加了完整型破裂模式和块体破裂模式，而且发现节理岩体的破坏模式主要受节理步距角和节理倾角的影响。陈新等[32-35]研究了含不同节理组分布对节理岩体力学行为和裂纹演化规律的影响，研究结果表明：随着节理间距的增大，试件的应力-应变关系曲线由单峰型变为多峰型，延性增大；当连通率不大时，岩体的峰值强度和弹性模量随节理倾角的变化规律大致相同。杨旭旭等[36-38]利用物理试验和颗粒流数值模拟对单向、双向和三向应力条件下断续节理岩体的节理产状的力学结构效应进行了研究，并分析了预制节理的剪切滑移对断续节理岩体力学性质的影响。黄明利等[39]研究了三维表面裂隙的扩展规律，试验结果表明：三维裂隙间的相对作用表现为相互促进或彼此抑制，且主要受裂隙相对位置的影响。

随着试验技术手段的不断进步，许多学者致力于对节理岩体的裂隙演化损伤过程进行更细观、更精细化的研究，而扫描电子显微镜（SEM）、电子计算机断层扫描（CT）[40-42]、声发射（AE）及数字图像相关法（DIC）[43-45]等新技术、新方法的不断应用使对裂纹细观演化过程研究成为裂纹演化研究的一种发展方向。如杨圣奇等[46-47]利用扫描电镜对含预制孔洞和裂隙的大理岩试件的裂纹扩展过程进行了实时显微监测，并在微观层面上探讨了非均匀性对裂纹扩展特征的影响。李廷春[48]通过 CT 扫描对含单一裂隙砂岩三轴压缩试验过程进行实时扫描，获得了裂纹起裂、发展、宏观裂纹形成、破坏等各阶段的 CT 图像。Y. H. Huang 等[49]利用 CT 扫描获取了含 2 条平行裂隙花岗岩试件三轴压缩破坏后的内部裂纹结构，对比发现：随着围压的增大，试件内部的裂纹扩展模式逐渐由拉伸翼裂纹转变为以剪切裂纹和反翼裂纹为主。这些新方法的应用无疑对解决加载过程中裂纹的萌生、扩展及贯通过程的精确监测提供了有效途径。

可以看出：目前关于节理岩体破坏机理的研究思路主要是通过构建特定分布形式的预制节理面试件，从而研究不同加载形式下节理分布对模型的力学性质、裂纹贯通形式及破坏模式的影响。但是到目前为止，针对包含多节理岩体的研究工作仍然较少，且多集中于研究破坏后的表面宏观裂纹形态，而对节理间渐进式应变局部化与岩体损伤破坏过程关系的研究还比较匮乏，这对于完全弄清楚多节理情况下的损伤演化行为还远远不够。

1.2.2　围岩锚固机理研究现状

1.2.2.1　围岩锚固支护理论研究现状

锚杆支护技术的最早使用可追溯到1872年的英国，当时北威尔士一个采石场已采用金属锚杆对围岩进行加固。1913年，斯蒂芬（Stephan）、弗罗利希（Frohlish）和克卢普菲（Klupfei）在他们的专利申请中首次提出了锚杆支护技术[50]。但是直到19世纪40年代，锚杆支护才在美国煤矿中广泛采用。虽然在19世纪50年代初，锚固技术已经用于北美洲及欧洲的部分项目中，但直到澳大利亚著名的跨地区调水项目“雪山工程（Snowy Mountains Scheme）”修建时，才第一次对锚固机理有了科学、系统的研究，并奠定了锚杆支护作为岩体工程中永久性支护技术的理论基础[51]。在此期间，拉布希维茨（Rabcewicz）、雅各布（Jacob）和帕内克（Panek）等人陆续提出了悬吊、组合梁、组合拱等基础支护理论[4]。随着20世纪60年代新奥法（New Austrian Tunneling Method）在隧道建设中的成功应用，锚杆支护开始广泛应用于欧洲的各种隧洞建设中。T. A. Lang曾进行过一个经典的“水桶”试验[52]：在填满粗砾石的桶内插入螺纹金属杆并张紧，使其在砾石中起锚杆作用。然后把桶倒过来，而砾石并不会从桶里掉出来。在此基础上T. A. Lang提出了锚杆具有“锁紧”功能的结论，即锚杆能够将破碎岩块锁紧，从而可用于在地下开挖空间周围形成一个“加固拱”，进而维持开挖空间的稳定。进入20世纪80年代，美国、南非、澳大利亚等国学者针对采矿工程中遇到的深部高应力及软弱围岩等不利地质条件相继开发出柔性锚杆、主动预应力锚杆、高强锚杆锚索等支护结构[53]。目前国外发达国家矿山巷道的锚杆支护比例已超过90%，而采用锚杆支护技术也为采矿业带来了显著的经济效益。

我国的锚杆支护应用起步相对较晚，自1956年首次在煤矿巷道中采用锚杆支护以来，经过60余年的探索改进，锚杆支护已广泛应用于矿山、水利、交通等行业中，期间发展出了围岩强度强化理论[54]、主次承载区支护理论[55]、耦合支护理论[56]、高预应力锚杆支护[57]等多种支护理论，为我国锚杆支护技术的应用起到了重要的指导作用。

1.2.2.2　锚固系统内的荷载传递机制研究

锚固系统本身涉及多个介质和界面[58]，而各组分之间的物理力学特性并不相同，造成锚固系统受力时各介质间的应力传递机制十分复杂。诸多学者通过对现场和实验室条件下的全长黏结锚杆进行拉拔试验进而对锚固系统中各介质间的力学传递模型展开了深入研究。

I. W. Farmer[59]通过锚杆拉拔试验研究了锚杆的力学行为，发现在较小的张拉荷载作用下，锚杆的轴力和界面间的剪应力由荷载作用下的锚固段外端向内端呈指数形式衰减。

T. Freeman[60]观测研究了拉拔试验中全长黏结式锚杆的受力过程及应力分布规律，并提出了中性点、临界长度和锚固长度的概念。F. Björnfot 等[61]对中性点的进一步研究表明：在节理岩体中由于各节理的张开具有独立性，因此单根锚杆上可能存在多个中性点。由于锚固长度选取的合理性关系工程的安全、造价和成败，因此锚固长度临界值的选取同样引起了众多学者的关注[62-65]。C. C. Li 等[66]的研究表明：锚固系统中存在临界锚固长度，即锚杆长度超过该临界值之后，锚固界面所能提供的锚固力趋于定值，且锚杆临界锚固长度与砂浆强度之间存在线性关系。C. C. Li 等[67]研究了锚杆与树脂及岩体界面上的力学特性和锚杆受力分布规律，发现锚杆的脱粘首先发生在受载端并随荷载的增大逐渐向锚固体内端扩展，而脱粘段的剪应力大小由接触界面处的耦合机制决定。朱焕春等[63]通过三峡工程中全长黏结式锚杆的现场循环加载张拉试验发现：锚杆与其周边黏结介质在锚杆表面螺纹的作用下在锚杆张拉过程中产生法向剪胀变形，并指出循环荷载作用下锚杆的应力大小和影响范围将会向深部传递直至某一稳定深度或发生整体破坏。

综上所述，荷载传递机制研究主要集中于不同工况下全长锚固锚杆轴向的力学响应和界面处的细观机理分析，注重对每一组分（杆体、锚固剂、岩土体）力学行为的精确描述，以及界面间（杆体与锚固浆液、锚固剂与岩土体）力学传递计算模型的构建。

1.2.2.3 锚固体强化特性研究

锚固作用本质上是锚杆对于围岩应力环境的改善和变形的抑制，从而提高锚固体的内摩擦角及黏聚力等参数，进而引起锚固体本构模型的改变。L. P. Srivastava 等[68]对加锚和无锚条件下的含裂隙试件进行单轴压缩试验，研究了被动锚杆对试件破坏模式的改变及对弹性模量和强度的强化作用。同时发现加锚岩石的弹性模量和强度之间存在联系，因此可以根据完整岩石的弹性模量和强度结合加锚岩石的弹性模量计算出加锚岩石的强度。并提出了现场加锚岩体弹性模量的获取方法，利用这一点，可以推算出工程现场加锚岩体的强度。叶金汉[69]对含锚杆节理试件进行三轴试验研究，研究结果表明：围压作用下锚固体强度和弹性模量均有所提高，且由脆性向弹塑性转变。朱敬民等[70]研究了锚固体在单轴和三轴压缩情形下的变形和强度特性。研究结果表明：围岩强度的提高主要是源于锚杆对锚固体内摩擦角的强化作用，而对黏聚力的影响不大。侯朝炯等[71]认为锚杆加固能够改善锚固区内岩石的弹性模量、黏聚力和内摩擦角等力学参数，且锚杆加固对岩体的峰前摩擦力影响较大，而峰后对黏聚力影响较大。王斌等[72]根据裂纹扩展分析模型推导出了锚杆对翼裂纹的扩展长度的抑制作用，而根据易开裂角度的计算，翼裂纹长度的变短使得破坏模式由劈裂破坏转变为剪切破坏，进而改变脆性岩体的破裂模式。朱维申、李术才、张强勇等[6,73-74]围绕加锚节理岩体，应用断裂力学和损伤力学方面的理论，建立了加锚断续节理岩体的本构关系、稳定性计算方法和损伤演化方程，并提出了锚杆增韧止裂机理和锚杆控制裂纹扩展的突变模型，为科学评价加锚岩体的稳定性和提前采取合理加固措施起到了指导作用。

1.2.3 节理岩体锚固作用研究

国内外岩体工程实践表明：岩体工程的破坏大多数是由其内部节理、断层等不连续面所引起的局部失稳造成的，为了维护围岩的稳定性，需采用各种加固措施对其加固。锚杆的止裂效应是其补强围岩和抑制围岩力学参数劣化的根本原因。由于锚杆构件安设于围岩内部，从本质上来看锚杆加固作用具有一定的三维特性。而节理岩体中的三维锚固止裂效应问题无法通过理论公式解决，因此室内物理试验成为研究节理岩体锚固机理的主要方法。国内外专家学者进行了大量的含节理真实岩样或相似材料岩样的加锚试验，研究锚杆对于节理岩体的锚固效应。

1.2.3.1 加锚节理面的抗剪试验

由于锚杆本身具有较高抗剪强度，故锚杆的施加能够限制岩体沿节理面的变形滑移。为分析锚杆对于提高节理面抗剪强度的影响，许多学者开展了锚杆剪切试验，以评价锚杆的增韧止裂作用。S. Bjurstrom[75]在1974年的试验中采用全长黏结锚杆加固花岗岩试块，并开展了许多直剪室内试验和现场试验。研究发现：加锚节理面强度同时受花岗岩强度和锚固角的影响；当锚固角度小于35°时，锚杆破坏模式为拉破坏，其余锚固角度时锚杆破坏模式为拉剪破坏。C. J. Hass[76]对含水泥砂浆锚杆的石灰岩试块进行了剪切试验，发现倾斜节理面设置的锚杆对试块抗剪能力的提高作用大于垂直节理面设置的锚杆。P. M. Dight[77]对多种材料进行加锚抗剪试验，发现锚杆同时受到剪力与拉力的作用，而且锚杆的变形与岩石的变形程度相关，并再次验证了节理强度在倾斜锚杆作用下比垂直锚杆更高。S. Hibino等[78]对包括花岗岩、混凝土及砂岩试件进行了大量加锚剪切试验，总结了影响节理面抗剪强度的几个因素，其中最大的影响因素是节理面的粗糙度，其次是锚杆的倾角及尺寸，最后是岩石和锚固剂的变形。A. M. Ferrero[79]对采用不同岩石材料和不同锚杆类型的节理岩体进行试验，发现抗剪强度的提高主要来自两种组合效果：① 节理上的法向力导致杆体出现拉应力；② 杆体本身的抗剪、抗拉能力。他同时发现预应力只影响加锚节理的应力-应变关系曲线形式，而不影响最终的抗剪能力。Y. Chen等[80-81]设计了一套能够模拟锚杆在节理面处同时受到拉应力和剪切应力的试验装置，分别对安设普通钢筋锚杆和D-bolt锚杆的3种不同强度岩石试件进行了多种受力情况和节理张开度的剪切试验，其主要研究了剪切过程中锚杆的受力及破坏情况。葛修润等[82]采用直剪试验研究了锚杆对岩体加锚节理面抗剪性能的影响，研究结果表明：由于锚杆弹性模量大于岩石，仅需少量剪切位移就能使锚杆的抗剪作用充分发挥，并讨论了最佳锚固角的选取。刘泉声等[83]对不同加锚角度和法向应力作用下的锚固节理岩体进行剪切试验，研究结果表明：锚杆锚固能够提高节理面的黏聚力和内摩擦角，进而提高锚固体的抗剪强度，同时较大的锚杆倾角有助于锚杆抗剪作用的发挥。

1.2.3.2 加锚节理岩体试验研究

在实际节理岩体围岩中，裂隙往往以非连续形式存在，而随着裂纹的萌生、扩展及剪切错动，锚杆一方面在切向上阻止围岩发生错动，起到抗剪作用，另一方面能够在轴向上抑制围岩的变形，给围岩提供支护力。因此研究锚杆与岩体所组成的锚固承载体在外部荷载作用下的力学行为和破裂规律，有助于理解节理岩体锚固机理。

总的来看，节理岩体锚固试验的考虑因素主要分为四类：① 节理类型（张开型、闭合型、三维表面裂隙等）；② 锚杆几何排布（锚杆密度、锚杆位置及锚固角度等）；③ 锚杆类型及参数（锚固类型、材质、尺寸及预应力等）；④ 加载方式（围压、单调加载、循环加载等）。表1-1列出了加锚节理岩体测试试验研究汇总。

表 1-1　加锚节理岩体测试试验研究汇总

试件材质	试件尺寸/mm	加载条件	节理形式	节理因素	锚杆材质	锚杆因素	研究内容	文献
水泥砂浆	240×120×120	单轴压缩，侧边固定	平行裂隙	倾角	塑料推棒	锚杆密度	力学性质	朱维申等[84]
水泥砂浆	600×300×300	单轴压缩	平行裂隙	间距、连通率、倾角	螺纹钢筋	锚固类型	破坏模式、力学性质	杨为民[85]
水泥砂浆	280×185 ×40	单轴压缩	平行裂隙	裂隙组数量	GFRP	锚杆密度	破坏模式、力学性质	王平等[86-87]
水泥砂浆	140 ×70×70	单轴压缩及拉伸	表面裂隙	三维非贯通	GFRP	锚杆数量、加锚角度	裂纹扩展、力学性质	张宁等[88-89]
水泥砂浆	140 ×70×70	单轴压缩	交叉裂隙	倾角	镀锌铁丝	加锚位置	破坏模式、力学性质	张波等[90-91]
石膏	160×80 ×40	单轴压缩	单裂隙	长度、倾角	不锈钢	锚固类型	破坏模式、力学性质	G. F. Lei 等[92]
石膏	120×60×40	单轴压缩	单裂隙	位置、倾角	钢棒	锚固类型、预应力	破坏模式、力学性质	周辉等[93-94]
水泥石膏	140×70×70	单轴循环加载	单、双裂隙	倾角	竹签	锚杆数量	破坏模式、力学性质	李润[95]

王平等[86-87]以水泥砂浆预制多组有序裂隙类岩体，对预制的全长锚固类岩体进行单轴压缩试验并采用数值模拟软件进行了验证。他根据试件破坏的特点认为预制裂隙对最终破坏裂纹的扩展贯通路径起到了引导和控制作用，而锚杆的安设能延缓主控裂纹产生并提高裂隙试件强度，但试件强度增大幅度并非随着锚杆数量的增大而单调增大，而是存在一个最优锚杆密度。张宁等[88-89]研究了锚杆对含三维表面裂隙试件的强度和预置裂隙扩展模式的影响。其试验结果表明：单轴拉伸条件下加锚或无锚裂隙试件的破坏均以预置裂纹尖端产生的翼裂纹扩展为主；在单轴压缩情况下，拉裂纹扩展至锚杆附近时方向会发生偏转，且试件内部存在一个由锚杆引起的剪切薄弱面。张波等[90-91]对含交叉裂隙岩体的锚固效应进行了试验研究，重点讨论了锚固位置和主、次裂隙夹角对节理岩体锚固性能的影响，并认为锚杆增强了含交叉裂隙节理岩体抵抗裂隙扩展的能力，降低了含交叉裂隙节理岩体劈裂破坏出现的突然性。张茂林[96]对含不同倾角的断续节理岩体进行模拟试验研究，研究了锚固体的弹性模量、泊松效应及体积应变与加锚密度、预制节理倾角之间的关系：弹性模量随着加锚密度总体呈非线性增长；同一倾角情况下应力峰值时的广义泊松比与水平方向应变随锚杆密度增大而增大。周辉等[93]通过大尺寸试件的室内单轴压缩试验研究了断续节理岩体在加锚前后的裂纹扩展规律和破坏模式。加锚前，原生节理附近的次生裂纹数量较多，试件破坏时呈碎裂状，加锚后次生裂纹数量明显减少，试件的破坏模式接近完整试件的破坏模式，即形成明显的剪切破坏面。同时分析了断续节理几何参数对于锚固效应的敏感性，发现节理的连通率对试件强度影响最大，而节理间距对试件弹性模量影响最大。

综上所述，目前对于加锚节理岩体的试验研究多集中于锚杆对锚固体力学强度的提升和试件表面的最终破坏形态的影响上，而关于锚杆对节理岩体的损伤演化过程的影响的研究还较少。加上锚杆作为一种安置在岩体内部的构件,其对围岩的裂纹演化控制是一种比较隐蔽的过程,造成锚固体内裂纹扩展机制由平面转向三维而变得更复杂,而锚固体内部的破裂形态的研究目前还鲜有报道。

1.2.3.3 最优锚固角度

当锚杆以不同的角度穿过裂隙岩体,其锚固效果有所差异,因此许多学者对最优锚固角度进行了研究。N. Barton 等[97]通过试验发现:施加锚杆后杆体的抗剪作用会引起围岩中裂隙面产生附加黏聚力,并总结得出当锚固角度为 35°～60°时有最佳锚固效果。C. Hass[98]对含水泥砂浆锚杆的石灰岩试块进行了剪切试验,发现倾斜节理面设置的锚杆对试块抗剪能力的强化作用大于垂直节理面设置的锚杆,剪切面上的法向压应力不影响锚杆的抗剪能力,而对锚杆施加的预应力对试验结果几乎没有影响。K. Spang 等[78]在混凝土块体中开展了大量锚杆锚固试验研究,研究结果表明:锚杆的最优安装角度为 30°～60°,并且当锚杆垂直于节理面安装时提供的极限抗剪能力最小,锚杆安装角度为 40°～50°时剪切破坏位移最小。G. Grasselli[99]对加锚节理面采用 1∶1 大尺度的剪切试验,发现锚固角度同时影响锚固体的最大变形量和强度,锚杆尺寸及数量的增加同样会提高锚固体的刚度。付宏渊等[100]研究了锚杆布置方式和数量对锚固体力学性能的影响,试验结果表明:不同加锚角度时锚固体的抗压强度均有提高,但锚固体的弹性模量在垂直加锚时大于水平加锚时。B. Zhang等[90]采用相似材料制作含交叉裂隙岩体无锚杆及加锚杆试件,研究了含交叉裂隙节理岩体的锚固效应和破坏模式。研究发现:在主、次裂隙位置不变的情况下,锚固位置在裂隙交叉点上方或下方时能得到锚固强度最大值,主、次裂隙夹角影响节理岩体加锚杆后力学性能,且主、次裂隙夹角为 30°左右时节理岩体锚固效果最好。韩建新等[101]以锚固后岩体抗压强度为目标函数,以锚杆锚固角度为变量,建立了锚固后贯穿裂隙岩体抗压强度与锚杆安装角度之间的函数关系,得到了贯穿裂隙岩体抗压强度最大时的锚固角度,并提出了贯穿裂隙岩体锚固方向优化的基本方法。

由于围岩所处地质环境复杂,岩体节理面形式多样,导致锚固工程中锚杆的材料、形式不同,确定能适用于所有工程的最优锚固角度仍比较困难[8]。

1.2.3.4 预应力锚杆对节理岩体的锚固机制研究

预应力锚杆是指通过对锚杆施加一定的预应力,使锚杆给围岩施加一定的压应力,从而改善开挖后卸压导致的围岩应力状态。康红普等[102]指出有无预应力是判断锚杆支护方式属于主动支护还是被动支护的关键。预应力作为锚杆支护设计中的重要参数,其重要性在岩土工程加固中已得到了广泛认可,目前预应力锚杆和锚索在地下开采围岩支护、交通隧洞工程支护、水利水电的坝基加固、高边坡稳定加固及深基坑支护等各个领域广泛应用,例如三峡永久船闸高边坡使用的预应力高达 3 000 kN 的锚索就达 3 873 束[103]。

相比水利水电工程,地下隧洞及煤矿巷道支护中的锚杆所施加的预应力小得多,但是作为一种主动支护方式,目前预应力锚杆在深部岩体工程,特别是在破碎围岩中所表现出的显著的支护效应已被众多工程实践所证明[4]。许多学者也对预应力锚杆的锚固机理进行了相关研究。康红普团队[57,102,104-106]对锚杆预应力作用机理及预应力锚杆支护设计参数做了大量的研究工作,认为锚杆预应力设计的原则是控制围岩不出现明显的离层、滑动,减小甚至消除拉应力区,而锚杆预应力及其扩散对支护效果起决定作用,所提出的高预应力、强力锚杆支护技术能够有效支护深部巷道围岩。林健等[107]开展了大型模型试验,研究了端锚预应力锚杆的应力分布规律,试验结果表明:在锚杆自由段两端和锚固段附近形成 2 个压应力集中区和 1 个拉应力集中区。预应力的增大并不会改变应变场形态,但是会扩大应力等值面的范围。王洪涛等[108]从理论方面推导出了端锚预应力锚杆应力分布规律,研究结果表明:提高预应力和适当增大自由段长度均有利于改善锚杆对围岩的控制效果。周辉等[93-94]制作了含不同角度单条裂隙和含平行节理的加锚石膏试件,研究了不同预应力和锚杆密度对试件的锚固强化效应,指出预应力锚杆能够降低预制节理尖端的应力集中程度及范围,从而起到增韧止裂的作用。刘爱卿等[109]研究了两种预应力作用下锚杆对节理岩体的抗剪强度影响,研究结果表明:增大预应力能够提高节理岩体初期的剪切刚度,进而抑制围岩的初期变形。S. Hibino 等[110]在混凝土试块中开展了全锚和端锚条件下 2 mm 直径锚杆的剪切试验,通过试验发现预应力的增大只会使剪切位移减小,而不会提高节理面的最大抗剪强度,全长锚固锚杆的抗剪能力高于端锚锚杆。Y. J. Zong 等[111]对含不同倾角弱面的红砂岩试件进行了加锚杆条件下的单轴压缩试验,试验结果表明:由于锚杆的作用,试件从无锚杆时的拉伸破坏转变成拉剪组合破坏,同时预应力的施加使得试件的破坏形式出现了由脆性破坏转变为塑性破坏的趋势。孟波等[112]采用反复加卸载的方法模拟巷道围岩开挖所经历的应力重分布过程,研究发现:锚杆预应力会影响锚固体的破坏特征,在预应力较小的情况下,破裂围岩内部滑移块体主要沿原有裂隙面滑移;随着预应力的增大,滑移块体发生二次破坏,并产生较多大倾角分布均匀的新生裂隙。

1.2.4 巷道围岩破坏规律的数值模拟研究

随着计算机技术的发展,数值模拟逐渐成为研究围岩破坏和加固技术的主要方法,各种有限元、离散元、非连续变形分析等数值计算方法被开发并应用于深部巷道围岩的稳定性分析中。

相较于现场试验和模型试验[113-114],数值模拟能够模拟分析各种条件的工程地质,其花费少、效率高、重复性好,得到的结果也更全面。L. H. I. Meyer[115]分别采用 FLAC^{2D} 和 FLAC^{3D}研究了水平应力方向对巷道稳定性的影响。研究结果表明:围岩的岩性和初始应力的大小、方向对巷道的破坏起决定性作用。K. P. Hidalgo 等[116]使用 Phase2 对硬岩隧道的层裂现象进行了模拟,模拟中层裂的深度和形状用体积应变和最大切向应变表示。C. Mark 等[117]采用 FLAC^{2D}对煤矿巷道顶板在高水平地应力影响下所产生的层状滑移破坏进行了模拟,成功模拟了层理面的滑移导致的直接顶内的卸压软化区域,同时发现顶板锚杆能够使顶板的水平应力承受能力提高 20%~25%。F. Pellet 等[118]采用 FLAC^{3D}对深部隧道开挖过程中开挖损伤区(EDZ)随时间的变化规律进行了模拟分析。S. B. Tang 等[119]采用 RF-PA 对高湿度环境下隧道底鼓过程进行了模拟分析。B. T. Shen[120]采用 UDEC 对山西某软岩巷道进行模拟分析,认为高水平地应力是巷道失稳的主要原因。E. Karampinos 等[121]采用 3DEC 对深埋高应力硬岩矿山中巷道的失稳机制进行了研究。F. Q. Gao 等[122]采用 UDEC 三角形块体来模拟分析巷道顶板的剪切破坏和采动应力引起的挤压破坏。M. Chen 等[123]采用 UDEC,利用 RQD 及实验室岩样参数标定了工程岩体的力学参数,研究了厚顶煤巷道的破坏失稳机理,指出开挖卸荷导致的顶煤松散离层是造成该类巷道失稳的主要原因,并提出了相应的护顶支护方案。

这些数值模拟研究成果表明：巷道的破坏与巷道的开挖尺寸、初始应力状态、围岩地质条件、水文条件、开挖与支护手段等密切相关。由于岩体工程具有多样性和复杂性特点，因此深部巷道的围岩变形破坏机制仍然有待进一步探明。

1.3 现有研究成果的不足之处

尽管国内外学者对断续节理岩体的裂纹扩展贯通机制和锚固止裂效应的研究已取得了一定的成果，但是仍存在以下需要进一步研究的问题：

（1）关于锚杆支护作用下含断续节理岩体的强度及变形特征

目前关于锚固机制的研究大多数集中于完整试件的压缩及其组合体的剪切试验。随着工程围岩环境日趋复杂，断续节理岩体已成为一种常见的围岩形式。而目前的节理岩体锚固机制研究大多数集中于含单条贯穿节理岩体的加固作用，而针对多节理试件的加固止裂作用研究较少，因此研究该种围岩的强度变形特征和锚杆加固效果对于丰富锚固理论具有重要意义。

（2）关于锚固节理岩体的裂纹扩展特征

锚杆对节理岩体的加固作用主要体现在强化和止裂效应上，前人对锚杆在锚固体中所起的力学强化作用做了大量研究，少量关于锚杆止裂效应的研究也仅停留在锚固体破坏后的表面宏观裂纹形态描述上。然而锚杆对节理岩体破裂演化过程的影响是锚固体力学行为差异的根本原因。但受制于观测技术，锚杆对节理岩体损伤过程的影响还未深入研究。因此，需要开展锚固节理岩体的破裂演化过程研究，并借助 DSCM、AE 和 CT 技术，多尺度、全过程地揭示锚杆对断续节理岩体的表面及内部的损伤演化特征及锚固止裂机制。

（3）关于预应力锚杆对节理岩体的强化特性影响

岩体支护工程中，施加的锚杆支护往往具有一定的预应力。现有的有关锚杆止裂效应的试验研究大多数是针对被动式普通黏结锚杆进行的，仅将锚杆看作一种力学性质（如弹性模量、强度等）有别于岩土类的特殊材料，在这种指导思想下开展相关试验和数值模拟研究。而预应力锚杆在支护工程中的成功应用，更加证实了预应力对于围岩稳定性的重要作用。而关于预应力锚杆对岩体锚固止裂作用的研究依然匮乏。因此，继续开展预应力作用下的断续节理锚固岩体力学试验，并比较锚固形式对锚固体力学行为的影响，有助于进一步认识预应力锚杆对节理岩体的强化作用效果。

1.4 本书研究内容

以深埋矿山巷道工程中普遍存在的断续节理围岩为研究背景，在已有研究成果基础上围绕断续节理岩体破坏力学特性和锚固控制机理开展研究，以室内试验和数值模拟为主要研究手段，主要研究内容如下：

（1）断续节理岩体的力学特性及破裂演化行为

以伺服加载系统结合数字散斑相关方法及声发射测试系统为研究手段，对含预制断续节理类岩石试件进行单轴压缩试验，分析节理组倾角对节理岩体模型的强度和变形特征的影响，研究加载过程中试件表面的应变场演化过程，探讨应变局部化过程所引起的试件受力状态改变，揭示预制节理组对节理岩体力学性质和变形破坏特征的影响规律。

(2) 不同锚固形式和预应力作用下的断续节理岩体锚固力学行为

开展不同锚固工况下加锚杆断续节理岩体的单轴压缩试验，研究锚固类型、预应力大小、节理组倾角对锚固节理岩体宏观力学响应特征的影响规律，分析锚杆加固对锚固体力学行为、强度参数和变形特征的定量影响，探讨锚杆对节理岩体峰后脆性特征的影响机制。

(3) 断续节理岩体锚固机制

结合数字散斑技术、声发射监测技术及锚杆轴力监测技术，从宏细观角度多尺度对锚固体的破裂演化过程进行研究，分析试验过程中试件表面的应变场演化过程、声发射规律和锚杆受力特征，探寻锚杆对断续节理岩体的损伤演化过程和破坏特征的影响规律。并利用 X 射线 CT 扫描系统结合 Avizo 软件对破裂后试件的内部裂隙面进行三维重构，探讨锚杆对节理岩体的加固止裂机制。

(4) 深部巷道围岩破裂演化规律及支护方案研究

以深部矿山破碎围岩巷道为工程背景，基于完整岩石力学参数和岩体质量指标对大规模岩体力学参数进行校核，采用块体离散元软件(UDEC)对数值模拟中所需的岩层细观参数进行标定，建立巷道围岩数值模型，通过应力释放步骤模拟巷道开挖，系统地从位移矢量场、主应力矢量场、塑性屈服区以及破裂损伤区分布等不同角度揭示巷道围岩在开挖过程中的破裂演化机制，针对性地提出支护优化方案，并进行数值计算和现场支护试验研究，验证新支护方案的合理性。

第2章　断续节理岩体力学性质及破裂行为试验研究

岩体在漫长的地质历史年代中受地壳运动影响，呈现出明显的不连续性，内部存在大量的节理、裂隙、断层等原生结构面，同时受到开挖爆破等工程扰动影响，开挖面附近围岩内原闭合结构面在卸载作用下形成大量非连续张开结构面。这些不连续结构面一方面使岩体的强度降低，另一方面使岩体呈现出明显的各向异性。大量的工程事故表明岩体内结构面的张开、滑移等非连续变形破坏是岩土工程灾害的主要诱因。因此，关于岩体中裂隙的起裂、扩展和贯通演化规律及其对工程围岩稳定性的影响一直被岩体力学及工程界学者们所重视。本章以含断续节理组类岩石试件为研究对象，开展单轴压缩作用下断续节理岩体的试验研究，重点研究节理组倾角对试件的力学性质、应变场演化规律、声发射特征及最终破坏模式的影响。

2.1　试验准备

2.1.1　类岩石材料配制

在现场以工程尺度去研究岩石的破裂规律非常困难，因此，岩石破裂规律的研究常常在实验室内的岩石及类岩石材料上进行。众所周知，天然岩石是试验的理想材料，因此之前将包括花岗岩、砂岩、大理石等岩石材料加工成含节理试件进行相关研究工作[15,22,124]，但是在天然岩石中制作裂隙往往需要采用激光雕刻、高压水射流等特殊工艺，且节理开度等受加工精度限制严重。因为含节理类岩石材料的研究成果与采用真实岩石材料所得结果高度相似，所以在类岩石材料中加工预制节理逐渐成为研究节理岩体破裂规律的重要方法[24,29,33,36,125-127]。

类岩石材料作为本书模型的主要材料，其性能对试验的成败和试验结果的准确性具有关键作用。由于本次试验研究的是锚杆对断续节理岩体的锚固效果，并没有具体的工程地质背景，所以没有严格按照一定的相似比进行配料，但材料的选择也力求使得配制材料的物理力学性能与岩石材料一致。

对于本次试验而言，类岩石材料的选择应满足以下条件：

① 浇筑试件的力学性能稳定，离散性小。

② 便于试件的成型和节理的预制。

③ 试件物理力学性能尽量与岩石一致，且具有一定的脆性。

④ 容易购得，价格便宜。石膏作为一种相似材料，其价格低廉、稳定性好，且与岩石结构及破坏模式相类似，因此广泛应用于类岩石材料制作中，并在预制节理岩体的力学性质和

破坏行为研究中取得良好效果[33,93,128-129]。

考虑到研究对象节理岩体的脆性破坏特性、浇筑的试件力学性能稳定性、节理预制的简便性以及试件的方便成型等，在前人研究的基础上，经过多次试验尝试，确定类岩石材料选择高强超白石膏粉、石英砂(70～140目)及含消泡剂的硼砂水溶液按质量比1∶0.1∶0.6混合而成。其中石膏和石英砂作为相似材料骨料。为消除试件浇筑过程中产生的气泡对试验结果造成的离散性，选择DT-135有机硅消泡剂作为外加剂以减少搅拌过程中产生的气泡，其中消泡剂占水溶液总质量的0.5%。浇筑时，先将石膏和石英砂混合物放入搅拌容器，然后边加含消泡剂水溶液边慢速搅拌，待混合料融合后高速搅拌1 min，倒入预先放置在振动台上的模具中，开启振动台至石膏混合物中无明显气泡溢出时停止振动。

为验证所配置相似材料的合理性，采用上述配合比和步骤按ISRM建议方法制作了高100 mm、直径50 mm的标准尺寸圆柱形试件。将该试件放在深部岩土力学与地下工程国家重点实验室的RTX-4000型GCTS三轴试验机(图2-1)上进行单轴和三轴压缩试验，以确定其抗压强度和变形特征参数。

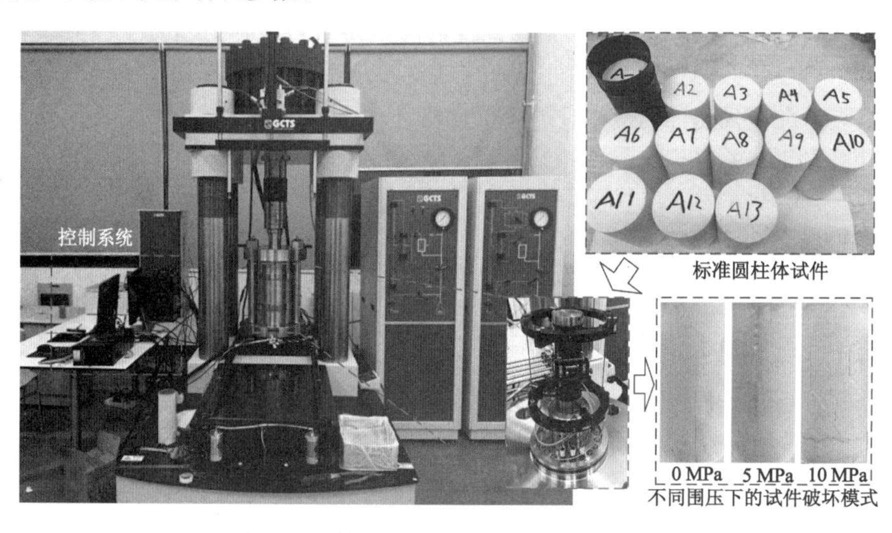

图2-1　三轴压缩试验系统及试件破坏模式

所浇筑的类岩石标准圆柱体试件在不同围压(0～10 MPa)作用下的全应力-应变关系曲线如图2-2所示。由图2-2可知：配制的类岩石材料在0 MPa围压下具有很好的峰后脆性跌落性质，单轴抗压强度达35 MPa。随着围压的增大，试件的峰后应力-应变关系曲线开始呈现明显的塑性特征，当围压为10 MPa时，试件峰后应变曲线呈现理想塑性特征。类岩石试件在0 MPa、5 MPa和10 MPa围压作用下的破坏模式如图2-1所示，可以看出：在单轴压缩条件下(围压0 MPa)，试件呈现出劈裂破坏模式；在5 MPa围压作用下，试件呈现斜面剪切破坏特征；在10 MPa围压作用下，试件峰后呈现塑性特征，破坏模式为侧面鼓出破坏。综上所述，本次试验所配制的类岩石材料能够体现低围压下的脆性劈裂破坏、中等围压作用下的斜面剪切破坏以及高围压作用下的塑性流动破坏特性。并且试验结果的离散性较小，说明该类岩石材料配合比、制作及养护良好。

图2-3为类岩石材料弹性模量及泊松比随围压的变化曲线，可以看出：弹性模量变化范围为8.23～8.34 GPa，平均值为8.29 GPa；泊松比变化范围为0.146～0.169，平均值为0.159。

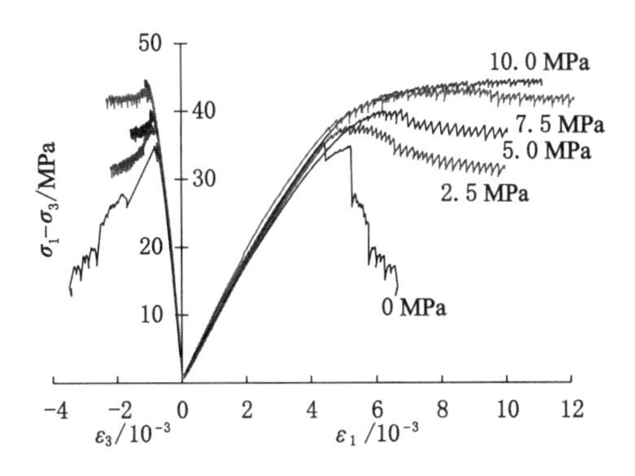

图 2-2　三轴压缩试验曲线

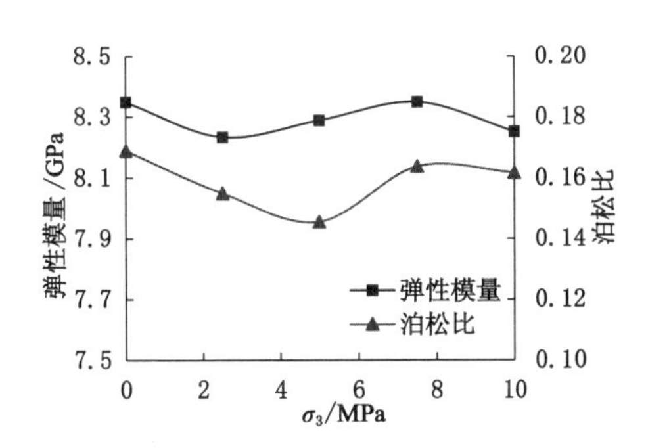

图 2-3　弹性模量及泊松比随围压的变化曲线

图 2-4 为三轴试验所得轴向破坏力 σ_1 与围压 σ_3 的关系曲线。由图 2-4 可知：σ_1 与 σ_3 呈线性关系，且相似度达 0.997 5，因此该材料满足库仑强度准则。

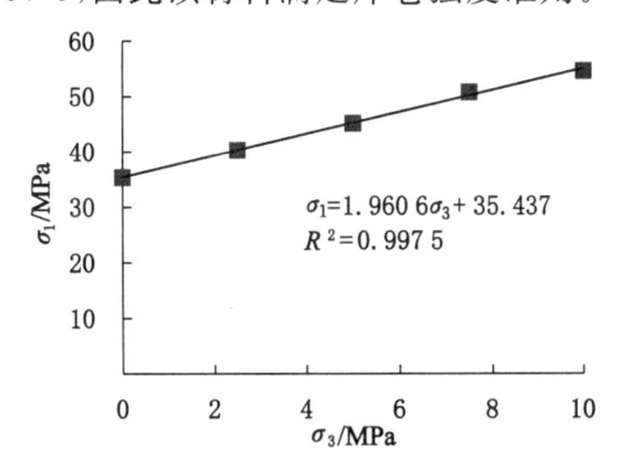

图 2-4　轴向破坏力与围压的关系曲线

$$\sigma_1 = M + N\sigma_3 \tag{2-1}$$

式中，M 与 N 分别为线性强度包络线在坐标系中的截距和斜率，由此可根据式(2-2)计算得到黏聚力 C 和内摩擦角 φ[130]。

$$\begin{cases} \varphi = \arcsin \dfrac{N-1}{N+1} \\ C = \dfrac{M(1-\sin\varphi)}{2\cos\varphi} \end{cases} \tag{2-2}$$

由式(2-2)求得黏聚力 C=12.65 MPa，内摩擦角 φ=18.93°。

为获得试件的抗拉强度，本次试验加工制作了一组直径为 50 mm、厚度为 25 mm 的类岩石材料圆盘，并进行了巴西劈裂试验，如图 2-5 所示。根据巴西劈裂试件的抗拉强度计算公式[131]：

$$\sigma_t = \frac{2P_t}{\pi D t} \tag{2-3}$$

式中，P_t为试件加载过程中的最大承载力，N；D 为巴西圆盘试件直径，mm；t 为测试圆盘中心位置处厚度，mm。

图 2-5 给出了巴西劈裂试验及利用式(2-3)获得的应力-位移关系曲线，可知试件的抗拉强度为 2.8～3.5 MPa，平均值为 3.1 MPa。抗拉强度与单轴抗压强度比值约为 1∶11，而自然界中岩石的该值为 1∶4～1∶25，符合要求。同时图 2-5 所示类岩石材料的巴西劈裂试验的破坏模式与真实岩石试验破坏模式相同，说明本次试验配制的类岩石材料抗拉特性满足要求。

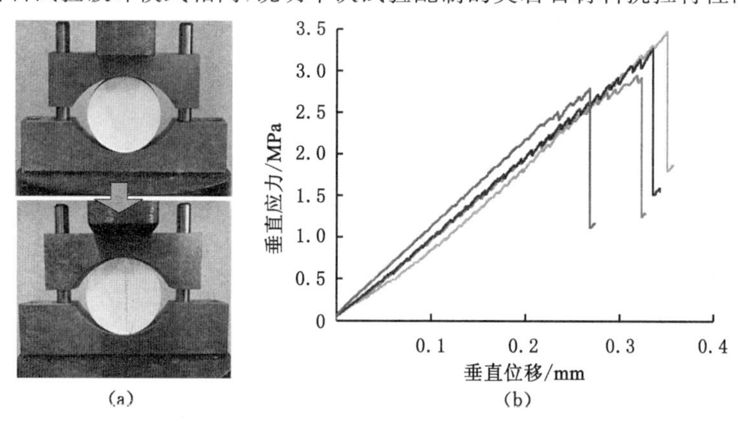

图 2-5　巴西劈裂试验及应力-位移关系曲线

表 2-1 为本试验所配制的类岩石材料与地下工程中常见砂岩的物理力学参数对比，可知本次试验所配制的类岩石材料性能能够与砂岩性能相近，可以用于模拟分析地下工程围岩的变形破坏。

表 2-1　类岩石材料与砂岩基本物理力学参数对比

	密度 /(kg/m³)	单轴抗压强度/MPa	抗拉强度 /MPa	弹性模量 /GPa	泊松比	黏聚力 /MPa	内摩擦角 /(°)
类岩石材料	1 546	35.3	3.1	8.3	0.16	12.6	18.9
砂岩[126,132]	2 200～2 710	20～170	2～25	3～35	0.1～0.3	4～40	25～60

2.1.2　含节理组类岩石试件的制作

所浇筑的节理岩体模型尺寸为高 160 mm×宽 80 mm×厚 50 mm。本书研究目的并非考虑所有可能的节理组合的影响因素，如连续度、节理间距、岩桥长度、节理间角度等。在此选择对试件强度影响较大的节理倾角作为研究变量，节理倾角从 0°到 90°，每 15°设置 1 个工况，分别为 0°、15°、30°、45°、60°、75°和 90°，其他节理几何参数保持不变，预置节理为 9 条平行贯穿裂隙，节理排布方式如图 2-6 所示。

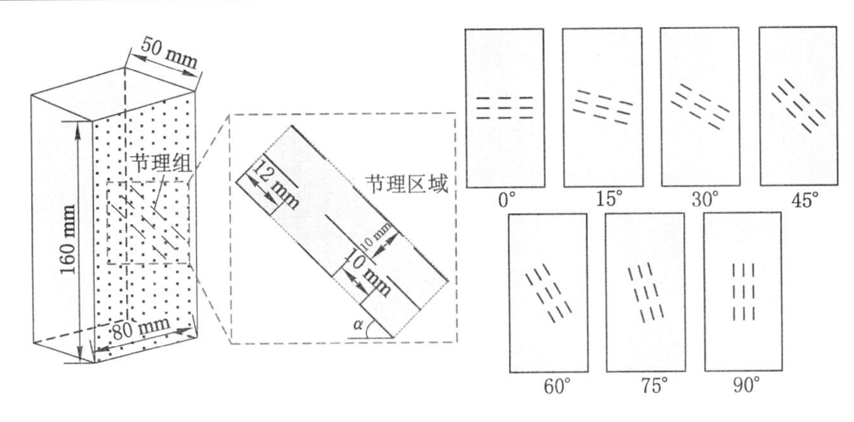

图 2-6　试件尺寸及节理组分布

在浇筑试件时，先将石膏和石英砂混合物称重后[图 2-7(a)]放入搅拌容器中，然后边加水边慢速搅拌，待混合料融合后高速搅拌 1 min[图 2-7(b)]，倒入预先放置在振动台上的模具中[图 2-7(c)]，振捣至石膏混合物中无明显气泡溢出时停止振动[图 2-7(d)]。在浇筑模型试件的过程中，插入 0.6 mm 厚的薄钢片，制作模型的模具及插片示意图如图 2-7 所示。为便于插片拔出，在插入薄钢片前均匀涂抹凡士林，并在材料固化前拔出，从而形成预制张开节理。所浇筑的石膏试件静置 1 h 后脱模，并在室温条件下养护 20 d。为获得稳定的试验数据，每种工况试件至少制作 3 块，其中 1 块备用以替代浇筑过程发生离散性的试件，养护完成的试件如图 2-7(e)所示，试件的几何尺寸和质量见表 2-2，编号 S*i*-*j* 中 *i* 为试件组数代码，*j* 为角度代码，*j* 值 1～7 分别代表 0°～90°。

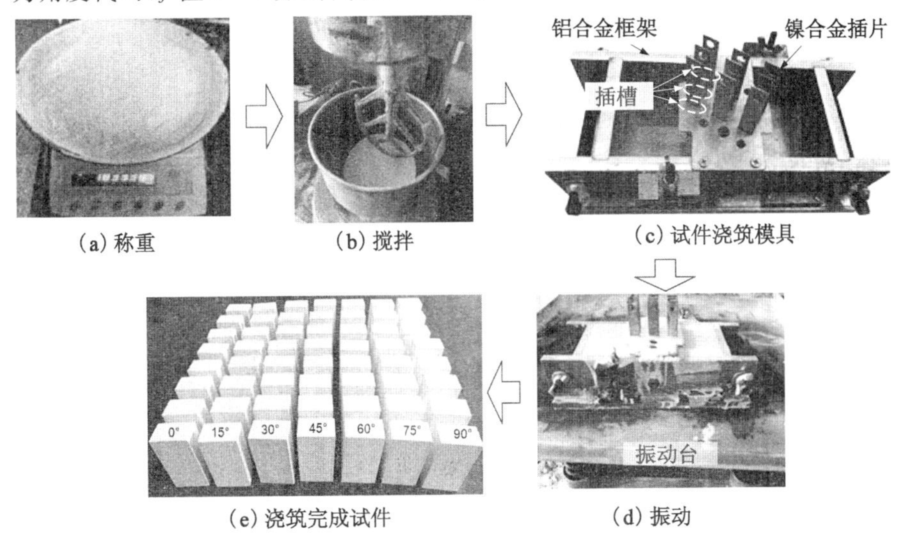

(a) 称重　(b) 搅拌　(c) 试件浇筑模具　(d) 振动　(e) 浇筑完成试件

图 2-7　含节理组岩体试件制备过程

表 2-2　试件几何尺寸及质量表

编号	高/mm	宽/mm	厚/mm	质量/g	编号	高/mm	宽/mm	厚/mm	质量/g	编号	高/mm	宽/mm	厚/mm	质量/g
S1-1	161.9	80.5	51	1 037.1	S5-1	161.2	80.6	50.4	1 037.1	S9-1	161.1	80.2	52.1	1 049.4
S1-2	161.4	81.2	50.6	1 031.3	S5-2	161.7	81.1	50.2	1 031.3	S9-2	162.5	81.0	50.8	1 051.7

表 2-2(续)

编号	高/mm	宽/mm	厚/mm	质量/g	编号	高/mm	宽/mm	厚/mm	质量/g	编号	高/mm	宽/mm	厚/mm	质量/g
S1-3	161.9	81.1	50.9	1 035.5	S5-3	160.9	80.8	50.7	1 035.5	S9-3	160.8	80.9	49.7	1 011.8
S1-4	161.5	80.5	50.7	1 036.1	S5-4	161.3	80.9	51.2	1 050.3	S9-4	161	81.4	50.6	1 046.6
S1-5	160.9	80.7	50.3	1 027.4	S5-5	161.1	80.2	50.4	1 030.8	S9-5	159.9	80.1	50.2	1 012.6
S1-6	161.2	80.6	50.6	1 031.5	S5-6	162.2	79.5	50.6	1 023.7	S9-6	161.6	80.6	51.2	1 037.6
S1-7	161.1	80.4	50.2	1 025.4	S5-7	162.1	80.2	50.1	1 025.8	S9-7	161.6	81.2	50.6	1 041.0
S2-1	162.5	81.1	50.8	1 051.8	S6-1	161.9	81.1	50.2	1 050.1	S10-1	161.3	80.8	50.2	1 015.4
S2-2	160.8	80.9	50.1	1 019.9	S6-2	161.3	81.9	50.3	1 034.5	S10-2	159.4	80.2	51.1	1 026.9
S2-3	161	80.8	50.9	1 036.9	S6-3	161	80.8	49.8	1 022.9	S10-3	161.2	80.1	50.7	1 015.0
S2-4	160.9	80.1	50.7	1 029.0	S6-4	162.5	81.3	51.1	1 060.2	S10-4	160.2	81.5	51.3	1 050.2
S2-5	161.6	80.6	51.2	1 034.3	S6-5	159.6	80.6	50.6	1 027.0	S10-5	161.7	82.2	50.9	1 058.8
S2-6	161.6	81.2	51.1	1 052.7	S6-6	161.8	81.2	52.6	1 087.2	S10-6	161.3	79.8	51.3	1 042.6
S2-7	161.5	81.5	49.8	1 027.7	S6-7	161.5	81.5	49.8	1 027.7	S10-7	160.9	80.6	50.8	1 041.5
S3-1	162.1	81.9	50.3	1 053.7	S7-1	162.9	81.9	50.3	1 045.5	S11-1	161.2	81.2	50.7	1 042.5
S3-2	161.6	79.9	50.9	1 038.8	S7-2	160.9	80.2	51.4	1 043.3	S11-2	160.9	79.5	50.6	1 019.4
S3-3	161.5	80.6	51.1	1 053.3	S7-3	161.5	80.1	51.8	1 060.7	S11-3	161.5	81.5	50.3	1 038.1
S3-4	161.3	80.8	50.2	1 035.6	S7-4	162.2	80.6	51.3	1 051.7	S11-4	159.4	81.1	51.2	1 043.8
S3-5	161.4	80.2	49.6	1 011.2	S7-5	162.4	80.2	51.1	1 048.2	S11-5	161.5	80.1	50.8	1 035.1
S3-6	161.7	80.1	51.3	1 049.2	S7-6	161.2	79.5	50.7	1 031.6	S11-6	161.6	81.5	50.9	1 039.7
S3-7	161.2	81.5	51.3	1 056.7	S7-7	160.2	80.5	51.3	1 037.3	S11-7	161.1	80.4	50.8	1 037.1
S4-1	159.7	82.2	50.9	1 050.4	S8-1	160.7	80.2	52.9	1 050.4	S12-1	161.3	80.9	50.3	1 029.1
S4-2	161.3	81.2	49.3	1 009.2	S8-2	159.6	81.2	48.5	1 000.1	S12-2	161.2	80.4	50.3	1 020.2
S4-3	160.9	80.6	50.8	1 035.6	S8-3	160.9	79.3	50.8	1 018.9	S12-3	161.5	81.2	51.4	1 060.2
S4-4	161.8	80.8	50.6	1 042.5	S8-4	161.8	80.8	50.9	1 036.3	S12-4	161.8	80.2	50.4	1 035.2
S4-5	161.3	81.2	50.3	1 033.1	S8-5	159.6	81	49.2	1 041.8	S12-5	159.7	80.8	51.3	1 034.2
S4-6	161.4	81.4	50.4	1 044.2	S8-6	161.8	81.4	51.4	1 067.5	S12-6	161.7	80.1	50.2	1 024.1
S4-7	160.6	80.1	50.2	1 014.5	S8-7	161.2	80.7	50.3	1 016.4	S12-7	161.1	80.6	51.2	1 055.2

2.1.3 试验方案及设备

含预制断续平行裂隙试件制作养护完成后，对试件进行单轴压缩试验，以研究节理组倾角对试件力学特性和破裂演化规律的影响。试验系统包含设备包括：伺服加载系统、声发射监测系统、动静态应力应变监测系统、数字散斑系统和数码摄像机，如图 2-8 所示。

(1) 加载系统

采用深部岩土力学与地下工程国家重点实验室的 SANS 电液伺服试验机(CMT5305，MTS 工业系统有限公司生产)对试件进行单轴压缩试验，该试验机的最大加载能力为 300 kN，试验过程中采用控制位移的方式进行加载，加载速率为 0.06 mm/min。

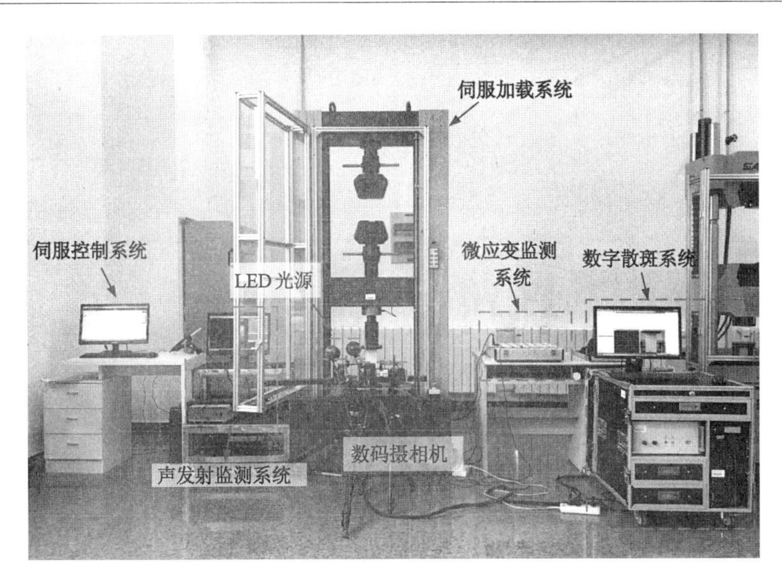

图2-8　含断续节理组岩体单轴加载、应变场监测、声发射采集试验系统

(2) 数字散斑方法(Digital Speckle Correlation Method,简称DSCM)

为了对加载过程中试件表面的应变场演化和裂纹扩展情况进行实时监测,本研究采用数字散斑监测技术对试件的应变场进行检测。DSCM是数字图像相关法(Digital Image Correlation,简称DIC)的一种,其基本原理是采用图像匹配的方法分析试件表面变形前后的散斑图像,来跟踪试件表面上几何点的运动的位移场,在此基础上求得应变场。采用DSCM测量技术可以代替传统的应变片和位移传感器,不但使用方便,快速进行变形和应变测量,而且可以完成应变片和位移传感器无法实现的测量,因此DSCM在岩石力学研究领域中的应用受到越来越多的关注[43-44,133-134]。

数字散斑技术的本质是比较变形前后散斑图像上像素子集的位置变化。因此散斑的大小分布对试验结果影响显著,在进行测试之前,为了提高数字散斑系统对岩样表面的识别度,在养护完成的光滑试件正面采用随机喷洒散斑的方式制作人工散斑域,散斑域内的散斑颗粒要求尽量随机分布、大小均匀。同时为了提高计算效率和减少试件以外的背景区域对计算准确性的干扰,在选择散斑计算区域时,只选取试件上的关注区域(ROI)进行计算,散斑效果及ROI如图2-9所示。

用CCD摄像系统获取物体表面变形前后的图像,采用数字图像的相关算法,计算衡量变形前后图像的匹配程度,以确定物体变形前后的对应几何点并进行对比、匹配和计算,即可得到全场位移,其相关系数公式为[135]:

$$\mathrm{COF}=\frac{\sum_{i=1}^{m}\sum_{j=1}^{m}[f(x_i,y_j)-\overline{f}]\cdot[g(x_i^*,y_j^*)-\overline{g}]}{\sqrt{\sum_{i=1}^{m}\sum_{j=1}^{m}[f(x_i,y_j)-\overline{f}]^2\cdot\sum_{i=1}^{m}\sum_{j=1}^{m}[g(x_i^*,y_j^*)-\overline{g}]^2}} \tag{2-4}$$

式中,$f(x,y)$,$g(x^*,y^*)$分别为变形前后参考点的灰度值;$\overline{f}$,$\overline{g}$分别为变形前后子集的平均灰度值。

当相关系数为1时,表示两个子集完全相关;当相关系数为0时,表示两个子集完全不

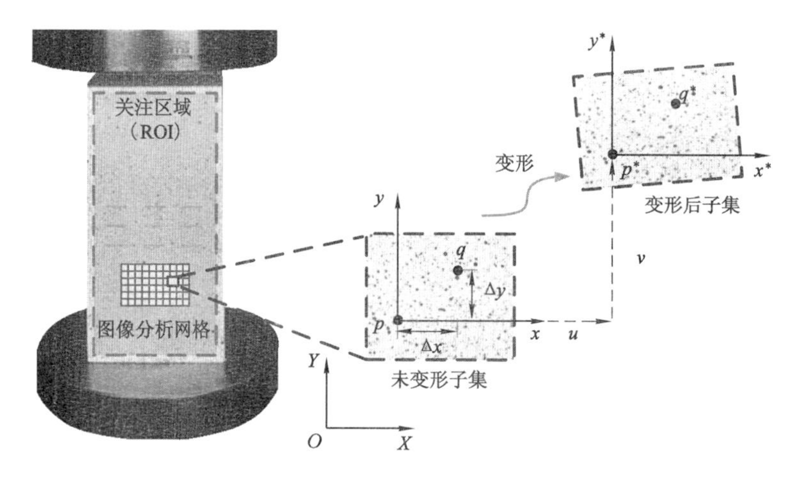

图 2-9 数字散斑原理:匹配变形前后的子集

相关。假设监测表面某点的坐标(x,y),变形后位置处的坐标为(x^*,y^*),即变形前的 p 点及变形后的 p^* 点的坐标。变形前后的两个坐标系的关系式为[135]:

$$\begin{cases} x^* = x + u + \dfrac{\partial u}{\partial x}\Delta x + \dfrac{\partial u}{\partial y}\Delta y \\ y^* = y + v + \dfrac{\partial v}{\partial x}\Delta x + \dfrac{\partial v}{\partial y}\Delta y \end{cases} \tag{2-5}$$

式中,$u,v,\dfrac{\partial u}{\partial x},\dfrac{\partial u}{\partial y},\dfrac{\partial v}{\partial x},\dfrac{\partial v}{\partial y}$ 为 6 个变形参数;u,v 为坐标系上水平方向和垂直方向的相对位移。

为节约储存空间和提高数据处理效率,在试件压缩的初始阶段,数据采集系统的图像采集频率设置为每秒采集 1 张照片,当试件临近破坏阶段时采集频率提高到每秒采集 2 张照片,以便更精确地捕捉试件破坏时的形态。试验结束后,将获取的图像数据导入分析系统,进而得到试验过程中试件表面的全局应变场演化云图。

(3) 声发射监测系统

声发射技术是一种动态无损检测方法,能够监测固体材料在内力或外力作用下因材料断裂而释放的应力波现象[136]。本试验采用美国声学公司的 PCI-Ⅱ全信息声发射信号分析仪对试验全过程中试件的声发射事件进行监测,该系统具有全自动高速采样、声发射信息同步记录、采用声发射振铃计数率和能量计数率等声发射指标直接统计等功能,试验中声发射探头的采样频率设定为 3 MHz。

2.2 断续节理岩体力学特性

2.2.1 含节理组试件应力-应变关系曲线特征

图 2-10 为完整试件和含不同节理组倾角节理试件在单轴压缩状态下的应力-应变关系曲线。从图 2-10 可以看出:除 90°节理组倾角试件的力学行为呈现出与完整试件相似的脆性跌落外,其余含断续节理组试件的力学行为主要受节理组倾角的影响。通过曲线特征分

析可以发现：与完整试件相比，含断续节理组试件的应力-应变关系曲线在荷载达到峰值之前存在不同程度的应力波动现象，这主要是由于在加载过程中预制裂纹周边应力的集中导致裂纹尖端微裂纹的逐渐扩展并引起试件局部应力的调整，在应力曲线上表现为跌落现象。但局部应力调整对试件整体的受力情况的影响有限，因此应力会再次升高，从而出现了应力曲线的峰前波动。岩石的起裂应力确定对于研究岩石的破裂机理具有重要意义，目前ISRM尚未对起裂应力的确定形成有关建议方法，而国内外学者对于起裂应力的研究方法主要有三种：基于裂纹体积应变的确定方法[137-138]、基于 CT 及扫描电镜等观测设备的直接观察法[139]和声发射法[140]。本试验结合初次应力波动点的声发射和应变场特征分析，发现该波动点后声发射现象开始持续稳定出现，同时应变集中区在预制节理周边聚集成为应变集中带并随之演化为宏观裂纹，因此可以将该点视为起裂点，将出现起裂点时的应力定义为该试件的起裂应力。

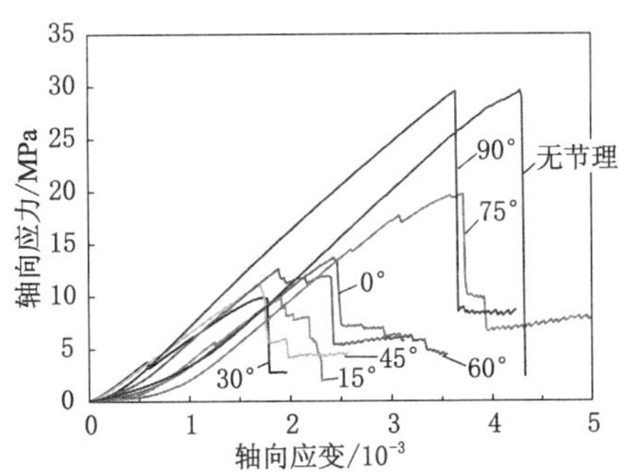

图 2-10　含断续节理组试件的全应力-应变关系曲线

对含节理组试件全过程应力-应变关系曲线各阶段特征分析发现：除 90°试件外，其余各倾角试件在破坏全过程中的应力-应变总体趋势上均存在着初始压密阶段、线弹性变形阶段、非线性变形阶段、峰后破坏阶段及残余强度阶段。为了进一步分析断续节理对试件单轴压缩过程中力学行为的影响规律，以 $\alpha=15°$试件为例，结合声发射对各阶段应力-应变关系曲线特征进行分析，如图 2-11 所示。

可以看出：声发射特征在应力-应变关系曲线的各阶段内表现各异，在孔隙压密阶段，只有试件上下端不平整面在荷载作用下逐渐压密和试件内的微小孔隙的闭合，并没有新生裂纹，因此声发射现象较少。随着荷载的继续增大，试件处于不断压缩状态，进入线弹性阶段，此阶段声发射现象同样很少，只有一些零星的声发射现象；当达到起裂应力时，由于预制节理周边开始出现少量新生裂纹，声发射现象出现一次陡增，随后试件进入峰前非线性阶段，起裂后的裂纹随荷载的持续增大而不断扩展深化，导致该阶段与前两个阶段相比较声发射现象明显增多，累计声发射数量明显持续增大；当试件达到峰值应力时，大量贯穿宏观裂纹的出现导致声发射现象异常活跃；进入峰后破坏阶段之后，试件在荷载作用下，承载结构不断调整，新生裂纹不断出现，原裂纹继续扩展，声发射现象达到最活跃状态，累计声发射数的增大幅度远大于其他阶段；在峰后破坏阶段后期，部分试件的破碎块体之间靠咬合和接触面之间的摩擦力仍具有一定的承载能力，此时试件进入残余强度阶段。需要注意的是，受不同节理组倾角的影响，试件的峰后破坏模式差异明显，部分试件在荷载作用下的峰后承载能力完全消失，因此峰后残余强度极低（如 $\alpha=15°$，$\alpha=90°$）。

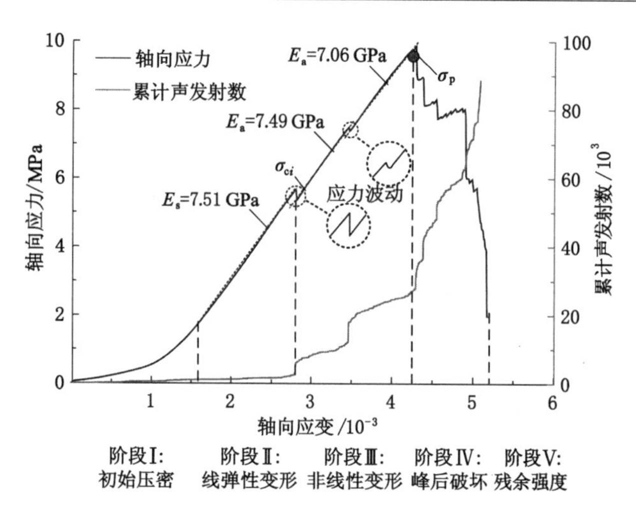

图 2-11 含 $\alpha=15°$断续节理组试件应力-应变关系曲线及声发射特征

2.2.2 强度及变形特征分析

试件的峰值强度试验结果见表 2-3。图 2-12 给出了含断续节理组试件的峰值强度 σ_p与节理组倾角 α 之间的关系。从图 2-12 可以看出:试件的峰值强度 σ_p受节理组倾角影响明显。从曲线趋势上能够发现试件强度随节理组倾角的增大呈现先减小后增大的非线性变化过程:当节理组倾角从 0°增大至 30°时,试件的峰值强度从 12.75 MPa 降低至 9.05 MPa,而当节理组倾角从 30°增大至 90°时,试件的峰值强度从 9.05 MPa 增大至 28.2 MPa。这与陈新等[32]在节理组贯通度为 0.6 时的预置裂隙石膏试件的单轴压缩强度随角度的变化规律相同。

表 2-3 不同节理组倾角试件力学参数

节理组倾角	0°		15°		30°		45°		60°		75°		90°	
	试验值	平均值	试验值	平均值	试验值	平均值	试验值	平均值	试验值	平均值	试验值	平均值	试验值	平均值
峰值强度/MPa	13.4	12.8	9.8	10.2	8.3	9.1	11.6	11.3	12.6	12.3	19.8	19.7	27.0	28.2
	12.1		10.6		9.8		11.1		11.9		19.6		29.4	
起裂应力/MPa	8.7	8.0	5.7	5.35	4.6	4.2	3.4	3.8	8.5	8.0	14.3	16.4	—	—
	7.3		5.0		3.8		4.2		7.4		18.4		—	
弹性模量/GPa	7.5	7.6	7.3	7.6	6.7	6.8	7.0	7.0	7.8	7.9	8.0	8.1	7.8	8.2
	7.6		7.9		6.8		7.0		7.9		8.3		8.6	

图 2-12 给出了各试件的起裂应力大小与节理倾角的关系,因为节理倾角为 90°时,试件在峰值前并没有出现声发射稳定现象且到达峰值点前试件表面应变场无明显的应变集中现象,而是在峰值处直接发生整体性劈裂破坏,因此不考虑 90°倾角时试件的起裂应力。由图 2-12可以看出:随着节理组倾角的增大,试件的起裂应力呈现先减小后增大的非线性变化趋势——当节理组倾角从 0°增大到 45°时,试件中的起裂应力从 8.0 MPa 降低至 3.8 MPa,而当节理组倾角从 45°增大到 75°时,起裂强度从 3.8 MPa 增大至 16.4 MPa,即 45°节

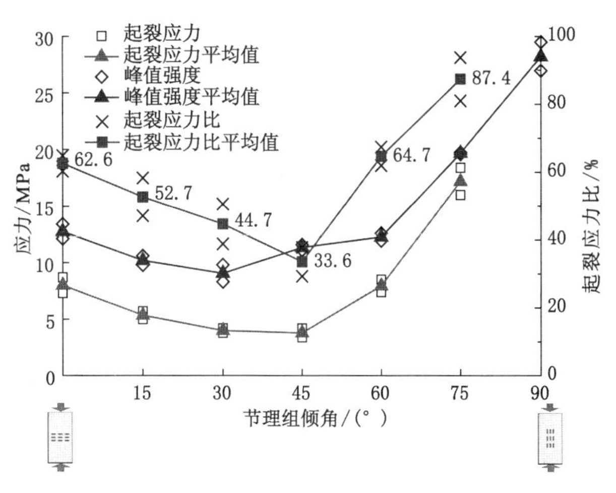

图 2-12　节理组倾角对含断续节理组试件峰值应力、起裂应力及起裂应力比的影响

理组倾角试件拥有最低的起裂应力。起裂应力大小与峰值强度大小同样存在一定的关系，从整体来看起裂应力越高，相应的试件峰值强度就越高。因此，这给予我们启示：通过抑制试件峰前的微裂纹萌生，提高试件的起裂应力水平，能够提高试件的承载能力，这对于提高工程中节理围岩的承载能力有着一定的指导作用。

为了进一步分析节理试件的起裂应力与峰值强度之间的关系，在此定义试件的起裂应力比 $\lambda_{ci}=\sigma_{ci}/\sigma_{p}$，并将各节理组倾角下的 λ_{ci} 绘制于图 2-12 中。通过对比可知：节理试件的起裂应力比与起裂应力大小变化趋势一致，即呈现先减小后增大的非线性变化过程，其中 45° 试件最容易起裂。

预制裂纹的存在同样影响试件变形特征。图 2-13 为试件的弹性模量随节理角度变化的趋势，此处的弹性模量是指应力-应变关系曲线上线弹性变形段的斜率。可以看出：试件弹性模量的变化趋势与试件峰值强度变化趋势类似，从 0°开始先降低，至 30°时最小，然后逐渐增大。

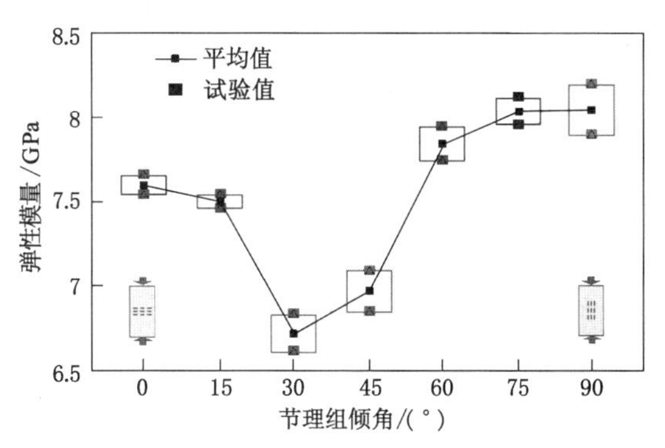

图 2-13　节理组倾角 α 对试件弹性模量的影响

需要注意的是：因为受预制裂纹的影响，含断续节理组试件在起裂后进入非线性变形阶段，在此阶段应力-应变关系曲线可能会经历多次应力波动，如图 2-11 所示，每次的应力波动会引起试件内的应力重分布，初期这些微裂纹的产生和扩展对试件的整体承载结构影响

有限，但是会导致试件出现少许损伤。由图 2-13 可以看出：每次应力波动后的试件弹性模量略低于应力波动前。

2.3 含断续节理组试件破裂演化过程

2.3.1 不同节理组倾角影响下的断续节理岩体应变场演化规律

单轴加载时，含断续节理组试件的破坏是一个渐进性的破裂演化过程，本节从细观角度出发，结合加载过程中试件全局应变场、声发射特征与应力-应变关系曲线综合分析、描述试件的损伤演化过程。为了便于分析，将试件中的 9 条节理编号为①—⑨。选取加载起始点 a 作为参考点，结合应力-应变关系曲线特征和声发射特征，另行选取应变场演化过程中 7 个代表性时刻进行标记(90°节理组倾角试件因破坏过程的特殊性仅取 2 个标记点)。

(1) 0°节理组倾角时试件应变场演化特征

图 2-14 为 0°节理组倾角试件的应力-时间关系曲线、声发射特征及数字散斑系统记录的标记点对应时刻的试件表面应变场演化云图。在加载初始阶段的 a 点，试件表面应变场分布较均匀，此阶段应力曲线呈现非线性增大趋势，处于试件孔隙压密阶段，曲线较光滑，声发射特征不明显。随着荷载的不断增大，应变集中区域开始在右侧节理组中部形成。这是由于张开型裂纹中部在压力作用下出现拉应力，而初始阶段只在右侧出现应变集中区，分析可能是因为试件上下端未加工平整(右侧略突出)，造成加载过程中试件右侧首先出现较大

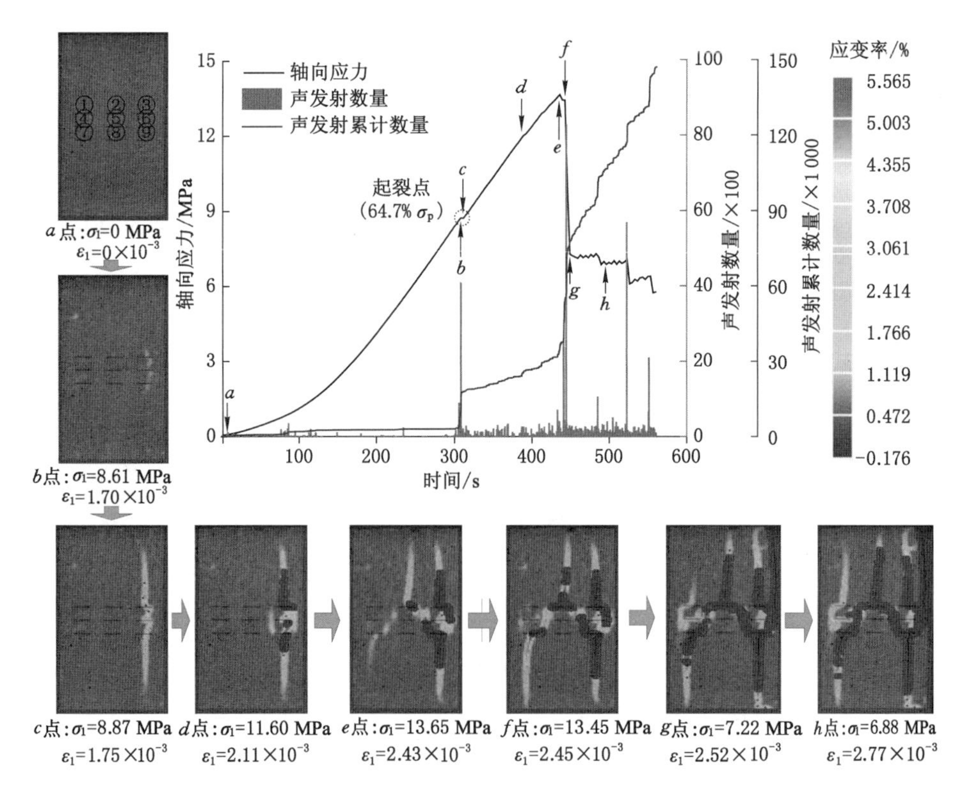

图 2-14　含 $\alpha=0°$节理组试件应变场演化规律及声发射特征

的集中应力，因此试件右侧节理首先出现起裂现象，后续增加的应力主要集中于新生裂纹尖端而较易达到裂纹继续扩展所需应力阈值。当荷载加载至 c 点时，应力曲线出现波动，同时出现 1 次明显的声发射现象，此时观察应变云图可以发现：右侧节理间的应变集中区贯通，上下两侧的裂纹从节理中部快速向上下延伸形成宏观破裂面。由于裂隙到达 b 点与 c 点仅相隔 0.3 s，说明新生裂纹扩展迅速，且 c 点之后声发射现象开始稳定出现，说明此点后裂纹开始稳定扩展，因此该点可作为试件的起裂点。

随着荷载的继续增大，右侧节理组的新生裂纹继续发育，同时右侧节理组左侧出现了应变集中区域。当应力加载至峰值点 e 时，中部的②号节理向上产生 1 条拉裂纹，②号节理与⑨号节理之间的应变集中带贯通，出现宏观裂纹，同时左侧节理组下方⑦号节理中部向下产生新生应变集中带，⑦号节理右尖端与②号节理左尖端连线上也出现应变集中带。当荷载加载至峰值点后的 f 点时，应力曲线出现较大的跌落并伴随着明显的声发射现象，应变云图上可以看出左侧下方节理⑦中间位置迅速产生向下的拉伸裂纹，节理⑦与节理③产生的裂纹搭接。随着荷载的继续增大，如标记点 g 所示，试件两侧节理组上下方均出现直达试件端面的拉伸裂纹面，且两侧下方裂纹内侧尖端与中间上方节理产生裂纹搭接，试件右上方岩体出现剥落，随着裂纹的逐渐上下贯通，最终导致试件失去承载能力而破坏。

（2）15°节理组倾角时试件应变场演化特征

节理组倾角为 15°时的应力及声发射特征随时间变化曲线如图 2-15 所示。采用与 $\alpha=0°$ 试件分析过程相同的方式在曲线上标识了 8 个典型特征点，并列出对应点的应变云图，结果如图 2-15 所示。随着荷载的增大，首先在右侧的节理周边形成了较小的应变集中区域，当加载到标识点 c 时，②③⑤⑥⑨号节理尖端均在翼裂纹产生方向上出现明显的应变集中带，其中②号和⑨号节理产生的翼裂纹向加载方向迅速扩展，应力曲线出现跌落并伴有明显的声发射现象。随着荷载的增大，其余节理也同样出现了翼裂纹，此时相邻节理产生的翼裂纹相互搭接贯通，将相邻节理内的岩体切割成独立块体，如标识点 e 所示。当应力点到达点 f 时，①号节理与⑧号节理，②号节理与⑨号节理内尖端之间岩桥内出现高应变集中区。随着应力增大至峰值点 g 时，⑦号节理左尖端向下产生应变集中带，这导致应力出现跌落，在紧接着的 h 点，③号节理右尖端出现 1 条向上的应变集中带，这两条裂纹直通边界，导致试件两侧出现剥离，而①号与⑧号节理、②号与⑨号节理之间同时产生剪切裂纹贯通。随着加载的继续进行，裂纹不断扩展延伸，试件逐渐失去承载能力。

（3）30°节理组倾角时试件应变场演化特征

节理组倾角为 30°时的应力-声发射特征随时间变化曲线如图 2-16 所示，同样以加载前期 a 标识点作为参考，随着载荷的增大，试件表面的预制节理两尖角处逐渐形成应变集中区域。当荷载增大至标识点 c 时，应力曲线出现跌落，观察应变云图可以发现：①②号节理的左尖端及⑧⑨号节理的右尖端产生了明显的翼裂纹并迅速向最大主应力方向扩展，同时③④⑤⑥号节理尖端处沿翼裂纹方向的应变集中程度明显增大。随着荷载的继续增大，节理间的翼裂纹也在继续扩展，在 d 点的③号节理上尖端及 e 点的⑦号节理下尖端的翼裂纹迅速扩展，并伴有较小幅度的应力跌落及声发射现象。当荷载增大至峰值点 h 后，由于各节理尖端翼裂纹的不断扩展，相邻节理间切割出了独立块体，上下两侧节理的翼裂纹逐渐贯通整个试件，加上开裂后的持续偏离形成了较大的裂缝，试件逐渐失去承载能力。荷载的不断增大最终引起新生块体转动，试件破坏，应力曲线陡降，并伴随强烈的声发射现象。

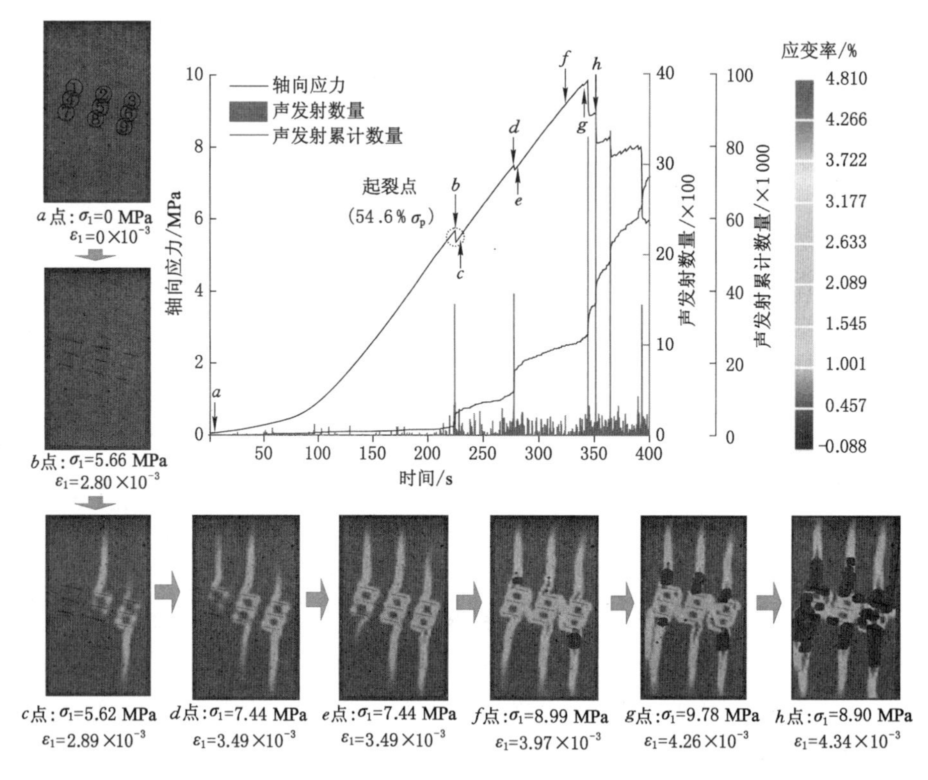

图 2-15　含 α＝15°节理组试件应变场演化规律及声发射特征

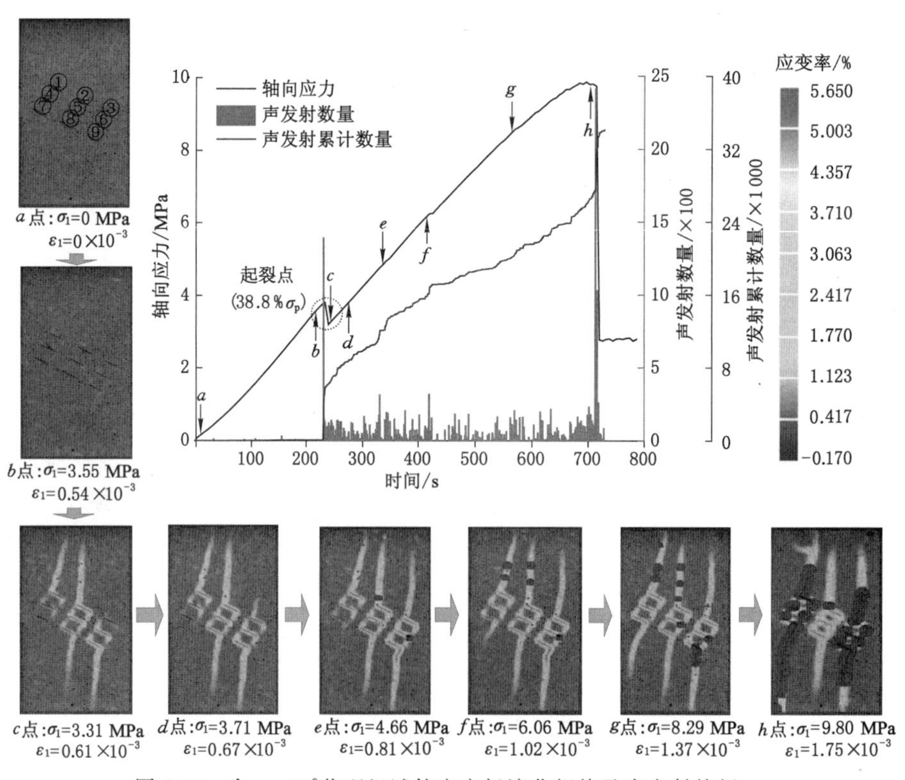

图 2-16　含 α＝30°节理组试件应变场演化规律及声发射特征

(4) 45°节理组倾角时试件应变场演化特征

当节理组倾角为 45°时的应力及声发射特征随时间变化曲线如图 2-17 所示。以初始加载点 a 点为参考，当荷载加到 b 点(4.24 MPa)时，节理组中的①号和⑨号节理的上下尖端首先出现了应变集中带，并沿最大主应力方向延伸，可以看到应力曲线上出现了跌落并伴有一定的声发射现象，此时试件处于起裂状态。随着荷载的增大，应变集中区域逐渐在预制节理周边聚集，原有的应变集中带沿节理尖端起裂扩展路径进一步发育演化，此阶段虽然有微小裂纹产生，但并未引起应力曲线的波动，说明裂纹处于稳定扩展阶段，即停止加载后裂纹会停止延伸，如标识点 c 和 d 所示。当荷载加到 e 点(10.35 MPa)时，③号节理上尖角处出现了一条高应变集中带，并迅速沿加载方向扩展。当加载至峰值 f 点(11.0 MPa)时，②号与⑤号节理、④号与⑦号节理间出现了非共面次生拉伸裂纹，而在紧接着的 g 点和 h 点，上部节理①②③之间的岩桥内发生剪切裂纹贯通，该剪切滑移面的形成导致①号左尖角处萌生 1 条次生共面裂纹，并迅速向试件左上角扩展。同时⑦号节理右尖端的翼裂纹迅速扩展。剪切裂纹的贯通及翼裂纹的扩展导致试件承载结构破坏，应力陡跌。

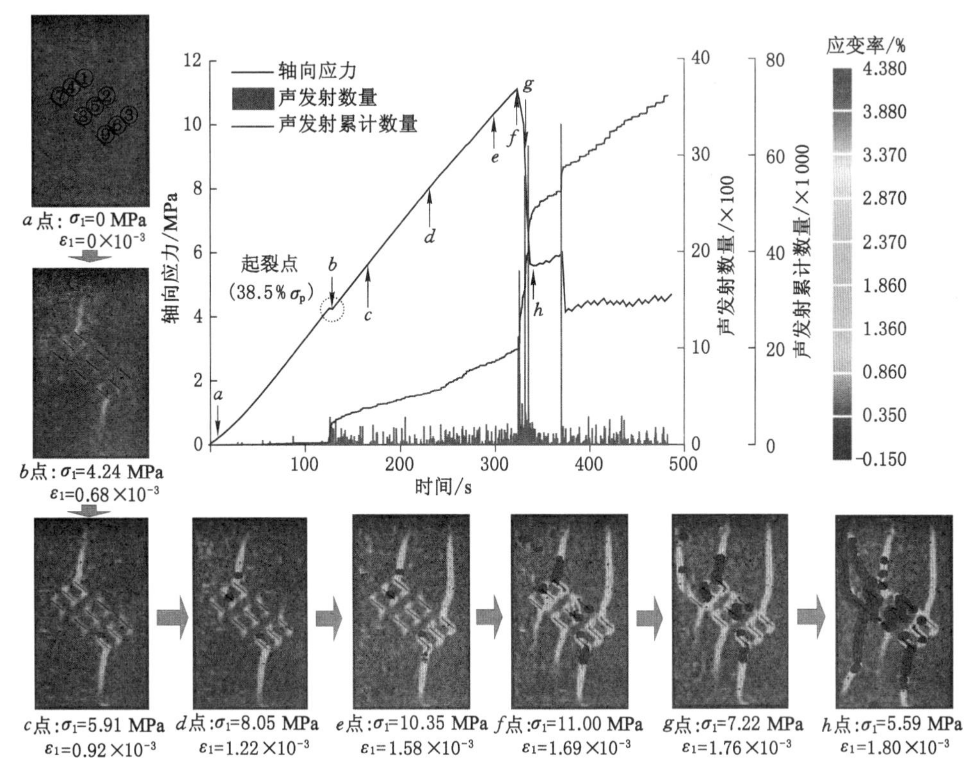

图 2-17　含 α=45°节理组试件应变场演化规律及声发射特征

(5) 60°节理组倾角时试件应变场演化特征

当节理组倾角为 60°时，同样以加载初始阶段的 a 点作为参考点，各标识点应变场如图 2-18 所示。随着荷载的增大，高应变集中区逐渐在预制节理周边形成，当应力加载至 b 点(8.61 MPa)时，⑨号节理下尖端处开始出现一条沿主应力方向的应变集中带。随着荷载的继续增大，应变集中区域在预制裂纹周边不断集中，此时，应力曲线呈不断上升趋势，并伴有一定的声发射现象，说明试件内的微裂纹处于稳定发展阶段，此阶段以预制节理尖端的应变集中带扩展为主。随后荷载到达峰值，由峰后 d 点(11.60 MPa)的应变场分布可以看出：导致试件承载能力降低的主要原因是下侧的⑦⑧⑨号节理间的岩桥内出现了沿节理倾向的剪切应变集中区，伴随着该剪切带出现的是⑤号节理上下尖端分别与①号节理下尖端与②号节理上尖端的应变集中带搭接，③号节理上尖端与⑥号节理下尖端同样出现应变集中带的贯通，但是由于宏观裂纹扩展不明显，因此试件仍具有一定的承载能力。随着荷载的持续增大，轴向应力又逐渐缓慢上升，该阶段之前产生的应变集中带继续扩展延伸。当加载至 f 点及 g 点时，③号节理下尖端及⑦号节理上尖端出现沿加载方向延伸的应变集中带，两条应变集中带的产生均伴随有明显的声发射现象，此时试件内部承载结构已出现明显的损伤。随后，试件沿⑦⑧⑨号节理发生剪切滑移破坏，并引起其他裂纹迅速扩展，应力跌落至5.48 MPa，进入残余强度状态。

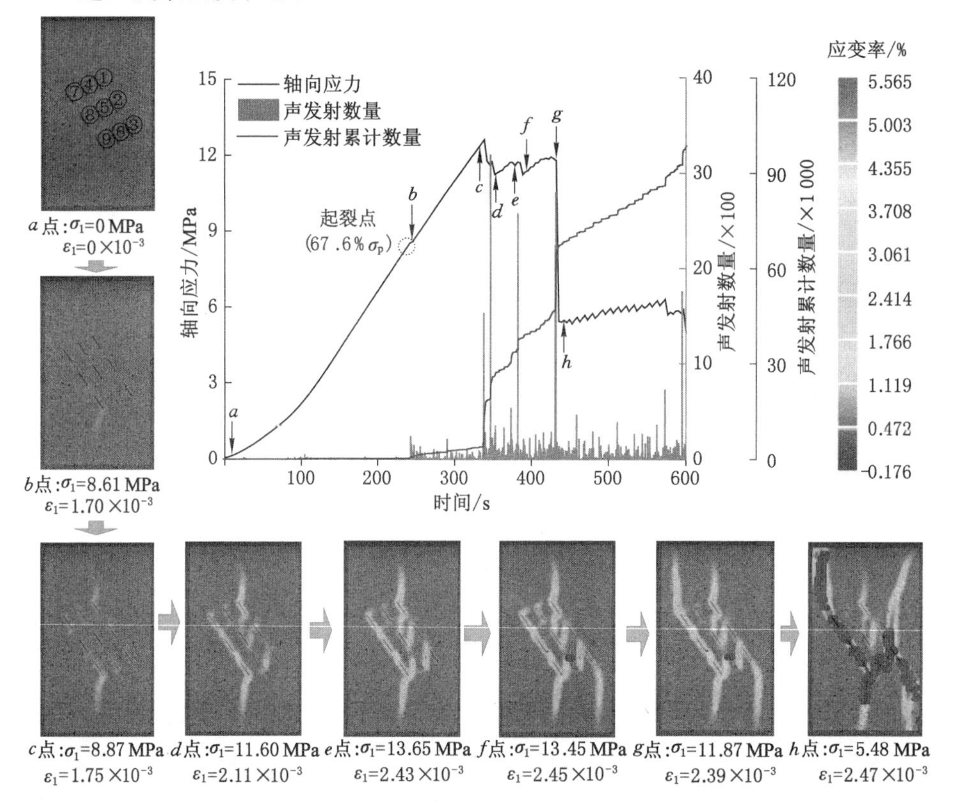

图 2-18　含 α=60°节理组试件应变场演化规律及声发射特征

(6) 75°节理组倾角时试件应变场演化特征

当节理组倾角等于75°时，试件的应力、声发射特征及应变场演化云图随时间变化过程如图 2-19 所示。以加载初期的 a 标识点为参考点，在荷载增大至起裂点之前，试件表面的应变集中现象均不是很明显，仅在预制节理尖端出现少量应变集中区。随着荷载到达标识点 c 时，①号和⑨号节理尖端位置出现向两端面扩展应变集中带，两侧节理组的岩桥内的应变集中带搭接，此时应力出现波动，并伴有明显的声发射现象，说明此时试件处于起裂状态。随着荷载的继续增大，左右两侧节理的应变集中带进一步深化扩展，中间的④⑤⑥号节理间的应变集中带也开始出现融合现象，如标识点 d 点所示。当荷载继续增大至峰值点 e 前，从应变云图可以看出倾斜方向上的节理间出现较高的应变集中带。随后到达应力峰值点，试件沿左侧节理间的剪切裂纹滑移，应变能的释放引起左侧的⑦号节理上尖端的裂纹沿节理组倾向扩展直达试件左上端角，③号节理下尖端迅速出现一条向上方扩展的裂纹，这些贯穿裂纹导致试件失去承载能力，发生整体破坏。

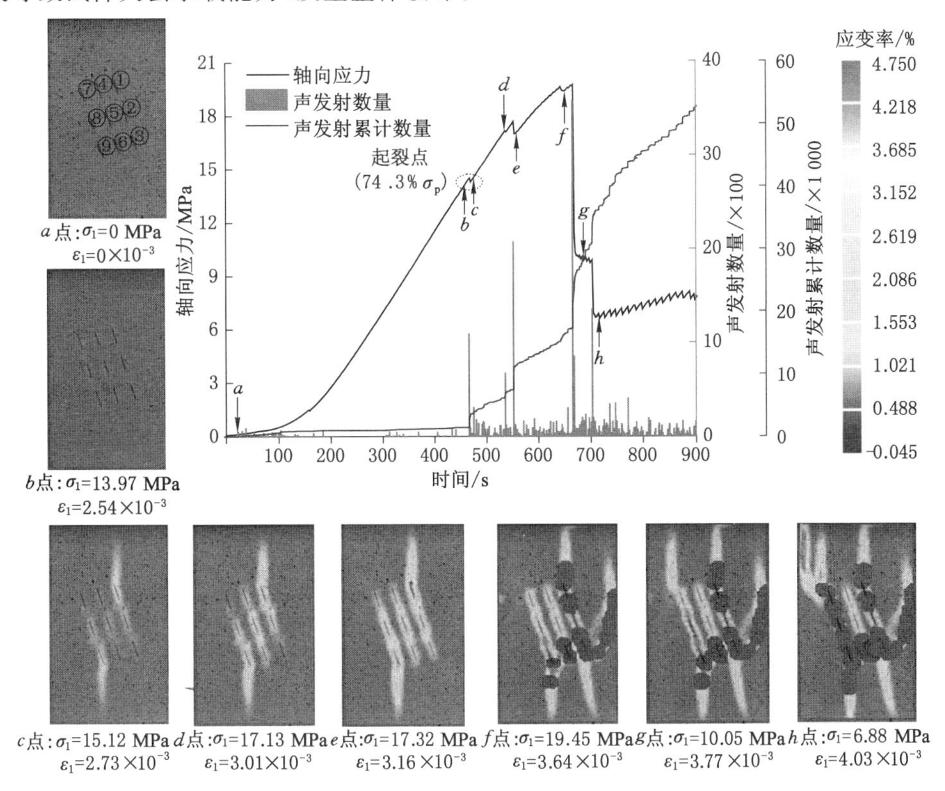

图 2-19　含 α=75°节理组试件应变场演化规律及声发射特征

(7) 90°节理组倾角时试件应变场演化特征

当节理组倾角为 90°时，试件的应力及声发射特征随时间变化曲线及应变场演化云图如图 2-20 所示。

由标识点的应变云图可以看出：与其他角度相比，该角度时试件在破坏之前的应变集中现象并不明显，试件表面应变相对较均匀，在荷载到达峰值点前的 b 标识点可以看出仅在②号与③号节理间出现了小范围的应变集中带搭接，且应变集中程度并不明显。当荷载到达峰值点后，试件沿③⑤⑦号节理产生剪切裂纹并贯穿试件两端面，导致试件发生剪切劈裂破坏，轴向应力曲线迅速跌落，并伴随有大量声发射事件，如标识点 c 所示。值得注意的是：试件在到达峰值强度前声发射信号始终保持在很低水平，仅在达到峰值强度后伴随着试件的整体破坏，声发射事件才大量出现，这也同样证明了试件在峰值点之前未发生裂纹扩展现象，即没有经历前几组试验中所出现的明显起裂现象。

2.3.2　应变场演化规律总结

由上述对试件加载过程中的全局应变场演化过程的分析可知：含断续节理组试件的破

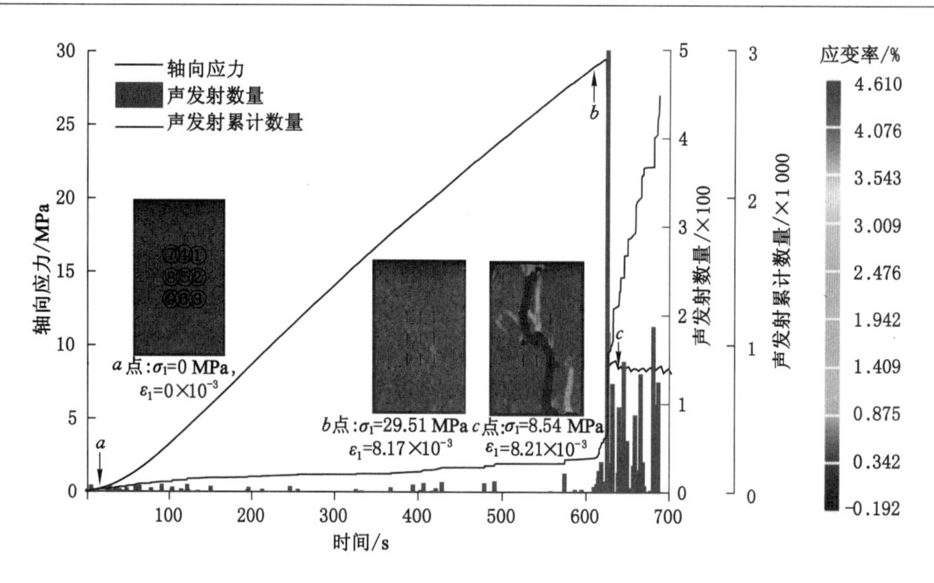

图 2-20　含 $\alpha=90^{\circ}$节理组试件应变场演化规律及声发射特征

坏是一个渐进的损伤演化过程。加载初期试件处于压密阶段，此时试件表面的应变场均匀分布。随着应力的增大，应变集中带逐渐出现在预制节理区域，除 0°节理组应变局部化带出现在节理中部外，其余各组试件均在节理尖端产生明显的应变局部化现象。此时，虽然初始阶段的应变值较小，但是已经预示了预制裂纹对试件整体损伤演化过程的影响，并在一定程度上揭示了加载过程中早期应变场的集中范围和扩展趋势。其中节理尖端处的应变集中程度明显增大并沿主应力方向扩展，当应变达到一定数量级后，应变集中带便会演化成试件表面肉眼可见的微小裂纹。随着荷载的继续增大，孤立的应变集中区开始与其他应变集中区在岩桥部位相互搭接融合。从应力-声发射特征-时间曲线可以看出：每次高应变集中区的融合会伴随着一定的应力下降和明显的声发射现象。之后，试件表面的高应变集中带继续发育并逐渐融合形成宏观裂纹，直至应力达到试件的强度峰值，损伤裂纹急剧扩展贯通，形成的主破裂面逐渐向试件端面扩展，最终导致试件完全破坏。根据试件破坏全过程的分析可以发现：因本次试验中预制节理组主要集中于试件中心位置，除含 90°节理组试件的破坏模式为完整试件所表现出的劈裂破坏模式外，其余诱发试件整体性破坏的主要原因是节理间裂纹的贯通导致试件核心承载结构破坏，随着试件变形量的不断增加，节理区域产生的裂纹迅速与自由面完全贯通。

图 2-21 给出了试验过程中含 30°、60°及 75°节理组试件试验过程中的水平位移和垂直位移演化云图，其中向左的水平位移为负，向右为正，由于试件的上端为加载端，下端为固定端，因此垂直位移主要集中在试件上部。总体来看，水平位移和垂直位移呈“反对称”分布，可以看出位移云图中位移相差较大的地方存在一些明显的分界线，这些分界线导致位移云图呈现明显的不连续性，试件表面被分成多个位移色块。对比试件破裂照片与位移云图可知：这些分界线体现了试件加载过程中裂纹的萌生、扩展及连通路径，通过位移云图中颜色所代表的位移数值能够判断裂纹的发育程度。值得注意的是：这些分界线多数集中于预制节理两侧，尤其是节理的尖端，进一步说明预制节理对试件破坏过程产生了显著影响。

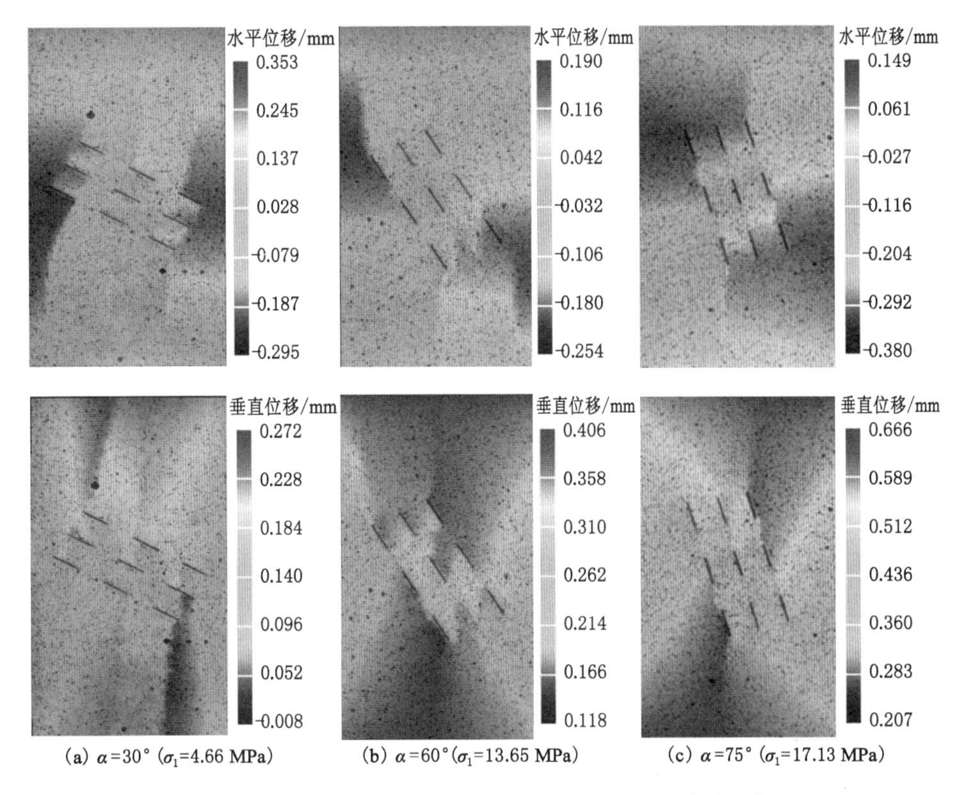

图 2-21　含 $\alpha=30°$、60°及 75°节理组试件水平及垂直位移演化云图

2.3.3　声发射特征

试件的变形和破裂行为是材料微变形和微断裂的宏观表征，而声发射现象已被证实与脆性材料在压缩下的微裂过程密切相关[141]。由声发射的定义可知每一个声发射信号都对应材料内一个损伤或破裂事件的产生，因此通过对声发射计数的分析能够判断试件中的内部损伤程度和演化过程。根据试验所采集的声发射数据的一般特征并结合应力-应变关系曲线，可以将含节理组类岩石试件的声发射活动分为三个阶段——平静期、缓慢升高期、活跃期。

(1) 平静期：该阶段处于应力-应变关系曲线的初始压缩阶段和弹性阶段，试件内部原有的微小裂隙和孔洞在压力作用下逐渐闭合，此时基本没有声发射发生。需要注意的是平静期各组试件在试验过程中仍然会出现零星声发射现象。分析其原因是：当试件的端面平整度达不到要求时，在初始加载阶段刚性试验机会自动调整试件端面的垫片，使试件达到平衡，在此过程中由于压力机与试件的摩擦及角端应力集中而产生少量声发射"噪声"[142]。随着荷载的继续增大，应变集中区开始在预制节理周边集中，但没有产生新的裂纹，所以声发射事件的数量仍然很小。

(2) 缓慢升高期：随着预制节理周边集中应力不断增大，当应力超过材料强度时，微裂纹萌生，并出现明显的声发射事件。然后，声发射活动进入缓慢上升期，在荷载作用下微裂纹不断扩展，此时 AE 事件明显比安静期更加活跃，随着时间的增加，累计的声发射数量逐渐增大。声发射事件从平静期向缓慢上升期的过渡，预示损伤在试件中不断积累。需要注意的是:在这段时间内,试件累计声发射计数曲线可能会出现几个陡坡,此处以 $\alpha=45^{\circ}$ 试件为例进行说明,如图 2-22 所示。第一个陡坡是节理①⑨尖端张拉裂纹的萌生导致的;第二个陡坡是节理①②③和节理⑦⑧⑨间剪切裂纹沿节理组倾斜方向搭接导致的。

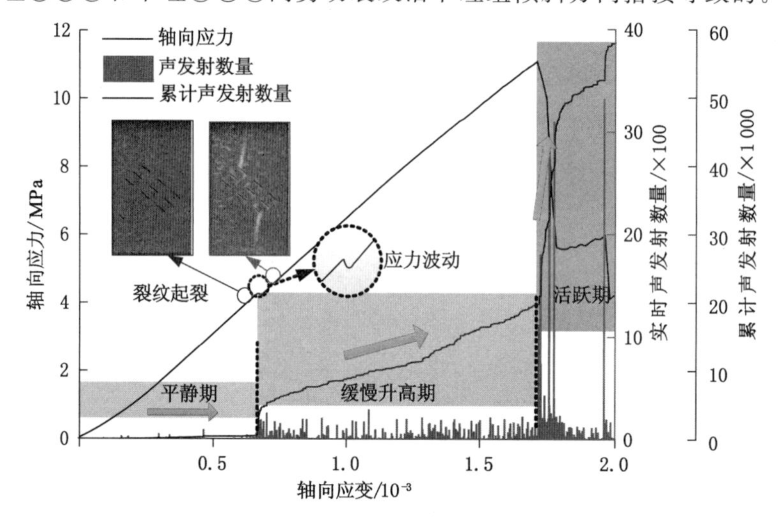

图 2-22　加载过程中声发射演化特征($\alpha=45^{\circ}$)

(3) 活跃期:随着应力的持续增大,声发射事件变得更活跃,AE 计数的积累值在峰值应力后急剧增大。声发射累计事件的急剧增加主要是试件中大量的局部裂纹扩展引起的,预示着宏观裂纹即将形成。其中试件中节理组内裂纹的贯穿搭接对承载结构会造成严重的破坏,试件达到峰值强度后的承载力主要由贯通裂纹表面凹凸不平的摩擦面咬合来提供。在此期间,裂纹继续扩展,累计声发射数量也远高于其他时期,因此分析声发射累计数曲线能够判断节理岩体是否破坏[143]。当累计声发射数量从平静期进入缓慢上升期时,说明裂纹萌生及扩展所引起的损伤开始在试件内部产生并累积;当从缓慢升高期进入活跃期时,说明内部裂纹快速扩展贯通所引起的试件承载结构的损伤急剧增加,预示着试件即将发生整体性破坏。

需要说明的是:不同节理组倾角试件的声发射曲线各阶段的形态并不相同,这主要是受预制节理组角度影响下破裂演化过程的差异所导致的。与完整的试件或含有单个裂缝的试件不同,声发射事件可能在峰值应力前经历多次剧烈活动,这主要是由于更多的节理为裂纹提供了更多的搭接可能。每一次裂纹的萌生和扩展都会导致能量释放,并伴有声发射事件。声发射事件的阶段性增加过程也揭示了含有非连续性裂缝的类岩石试件的损伤演化是一个逐渐累积的过程。

2.4　裂纹贯通类型与试件破坏模式

2.4.1　裂纹萌生及贯通类型

由上一节关于各倾角节理组试件的应变场演化过程分析可以看出:预制节理组的角度影响加载过程中试件的应力分布特征,进而影响试件的破裂演化特性。图 2-23 展示了 S.

Q. Yang 等[15,22]通过分析含单裂纹脆性砂岩试件的裂纹的特征及扩展机理（拉伸、剪切、横向裂纹及远场裂纹），得到 9 种不同的裂纹扩展模式，并将其用于双节理试件的裂纹扩展模式分析中[22]。在此同样可以用这 9 种裂纹模式对断续节理组的裂纹萌生及扩展模式进行分析。

F
F
S_s
T_w
T_s
S_m
T_{as}
T_a
L_c
L_c
S_a
T_a
S_m
T_s
T_w
S_p
S_p

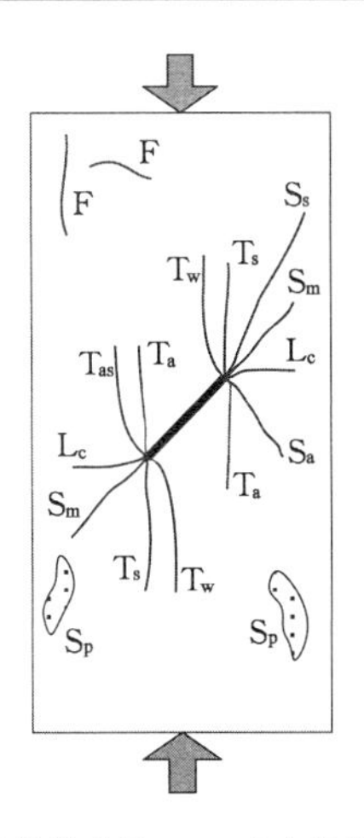

T_w—拉伸翼裂纹；T_s—次生拉伸裂纹；
T_a—反拉伸翼裂纹；T_{as}—反拉伸次生裂纹；
S_a—反剪切裂纹；S_s—次生剪切裂纹；
S_m—主剪切裂纹；L_c—横向裂纹；
F—远场裂纹；S_p—表面剥落。

图 2-23　新裂纹扩展模式示意图[15,22]

而对于含有不止一条节理的试件，当节理间距较短时相邻节理间往往会通过新生裂纹的萌生扩展而搭接。尤其是含有多条节理的试件，由于节理数量和节理间相对位置的多样化，节理间的裂纹搭接模式变得更复杂[144]。国内外学者采用物理试验和数值模拟等方法对节理间的裂纹搭接模式进行了大量研究，并对各类裂纹搭接模式进行了总结[18,22,29,141]。在此基于并扩展了 M. Sagong 等[29]在多节理试件研究中总结得到的裂纹搭接模式，以对本研究中的含断续节理组内的裂纹搭接模式进行分类，如图 2-24 所示。

表 2-4 展示了含断续节理组试件的破坏模式及基

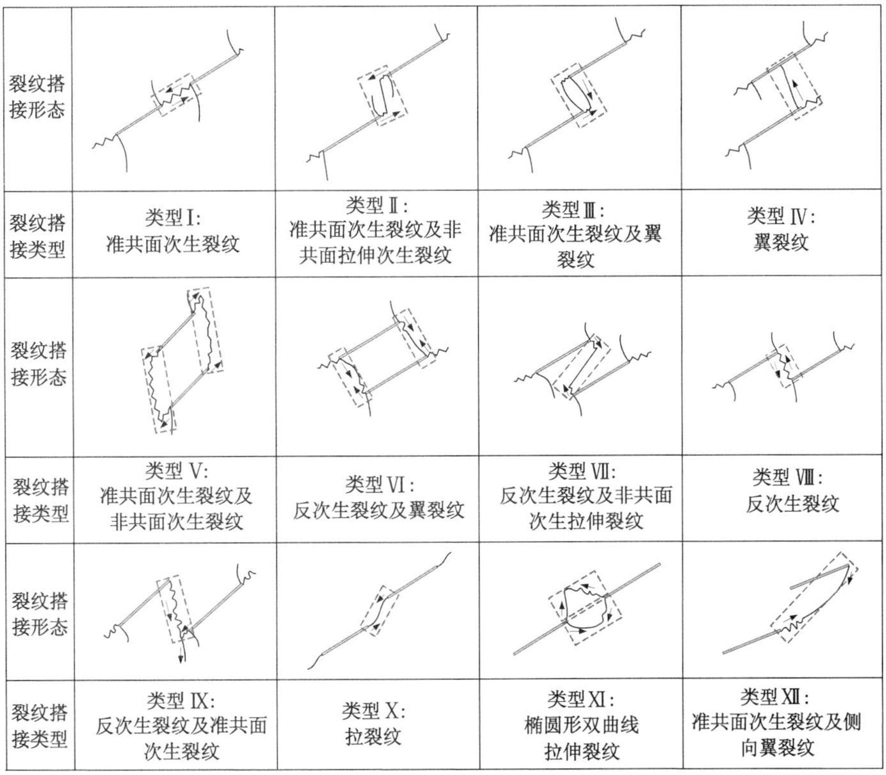

裂纹搭接形态
裂纹搭接类型
类型Ⅰ：准共面次生裂纹
类型Ⅱ：准共面次生裂纹及非共面拉伸次生裂纹
类型Ⅲ：准共面次生裂纹及翼裂纹
类型Ⅳ：翼裂纹
裂纹搭接形态
裂纹搭接类型
类型Ⅴ：准共面次生裂纹及非共面次生裂纹
类型Ⅵ：反次生裂纹及翼裂纹
类型Ⅶ：反次生裂纹及非共面次生拉伸裂纹
类型Ⅷ：反次生裂纹
裂纹搭接形态
裂纹搭接类型
类型Ⅸ：反次生裂纹及准共面次生裂纹
类型Ⅹ：拉裂纹
类型Ⅺ：椭圆形双曲线拉伸裂纹
类型Ⅻ：准共面次生裂纹及侧向翼裂纹

图 2-24　单轴压缩情况下裂纹贯通模式分类[29]

于图 2-23 和图 2-24 所分类的裂纹扩展及搭接类型。可以看出：节理区域外的裂纹模式受节理组倾角影响较小，各试件均以翼裂纹 T_w 扩展为主，当节理组倾角≥45°时，受节理面滑移剪切作用，部分节理尖端出现剪切裂纹(S_m)。

表 2-4　试件背面裂纹萌生及贯通模式

节理组倾角	破坏模式及裂纹分布	节理区域裂隙贯通模式	节理区域外裂纹模式	节理区域内裂纹搭接类型
0°	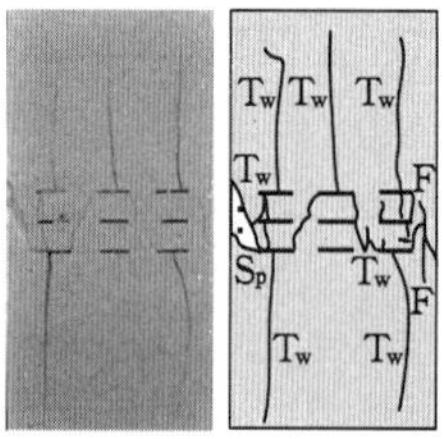	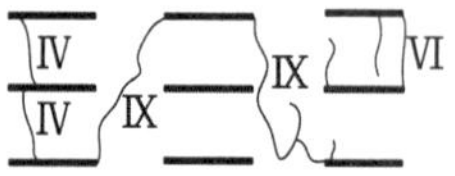	T_w，S_p，F	Ⅳ，Ⅵ，Ⅺ
15°	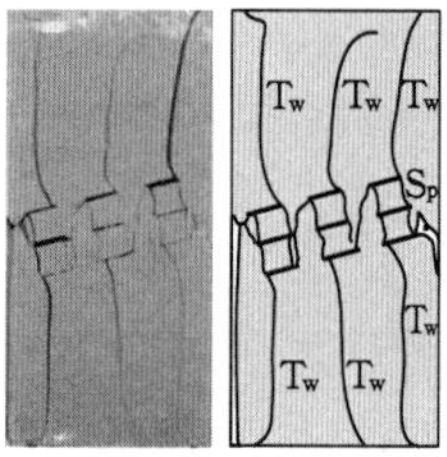	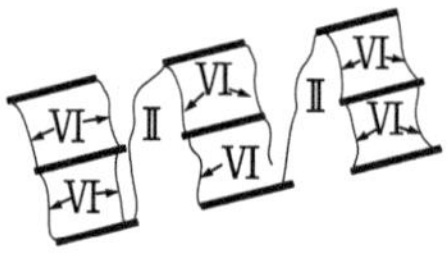	T_w，S_p	Ⅱ，Ⅶ
30°	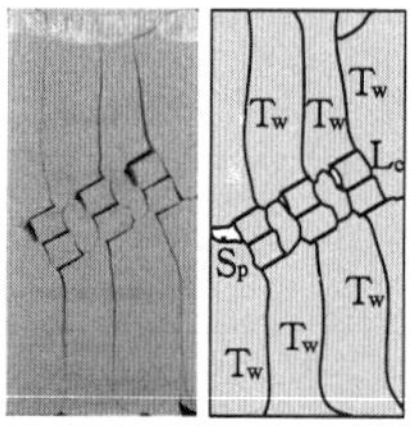	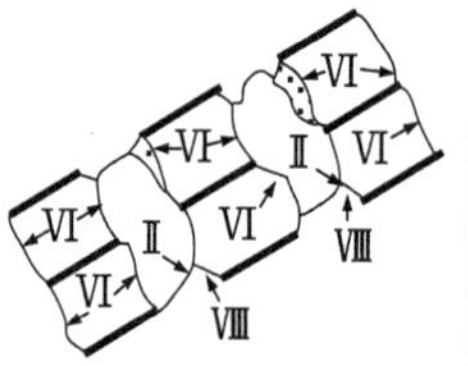	T_w，L_c，S_p	Ⅱ，Ⅶ，Ⅷ
45°	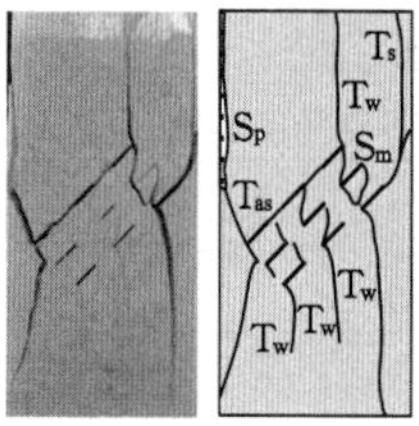	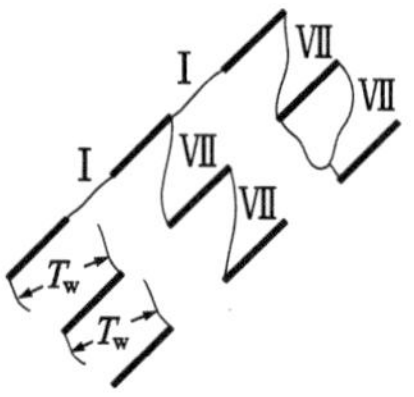	T_w，T_{as}，T_s，S_m，S_p	Ⅰ，Ⅴ，Ⅶ
60°	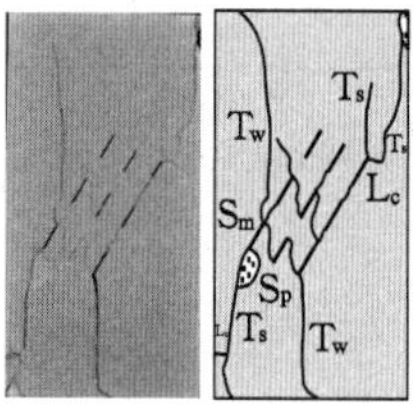		T_w，T_s，S_m，L_c，S_p	Ⅰ，Ⅶ

表 2-4(续)

节理组倾角	破坏模式及裂纹分布	节理区域裂隙贯通模式	节理区域外裂纹模式	节理区域内裂纹搭接类型
75°			T_w,T_s,S_m,S_p	Ⅰ,Ⅶ
90°			T_w,F,S_p	Ⅶ

受预制节理组的影响,相邻节理间的裂纹萌生及贯通模式与节理角度密切相关,为了便于分析,按裂纹搭接位置将节理间相对位置关系分为节理法向相邻节理(NJ)、共线相邻节理(CJ)及间隔节理(IJ)3 种类型,如图 2-25 所示。

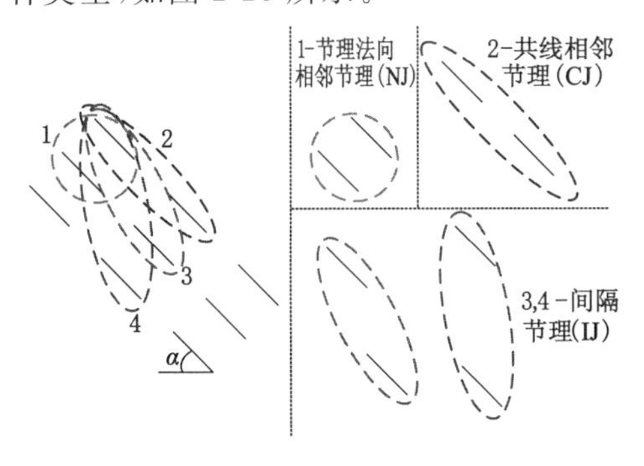

图 2-25　断续节理试件中节理间相对位置关系分类

在节理组倾角较小情况下,由于节理组倾角与最大主应力方向夹角较大,因此拉伸翼裂纹更易与相邻节理组裂纹搭接。通过观察发现:在 0°、15°、30°节理组倾角情况下,节理法向相邻节理(NJ)间的裂纹搭接模式均为翼裂纹搭接模式(类型Ⅵ);而间隔节理(IJ)间裂纹搭接模式在 0°节理组倾角试件中为压剪作用所形成的反次生斜纹及准共面次生裂纹搭接(类型Ⅺ),15°及 30°节理组倾角情况下试件中为反次生裂纹及准共面次生裂纹(类型Ⅱ)。随着节理组倾角的增大,在压缩荷载作用下,节理组将同时受到压缩和剪切作用,此时试件在节理组的岩桥内可能产生沿节理面的剪切破坏,同时被新裂纹切割后的岩块在压力作用下将受到剪切和张拉作用,因此新生块体也可能在加载过程中出现剪切破坏和张拉破坏。观察 45°至 60°节理组倾角试件发现:节理法向相邻节理内的贯通模式由同侧节理尖端的翼裂纹搭接(类型Ⅵ)逐渐过渡为节理对角尖端的反次生裂纹及非共面次生拉伸裂纹搭接模式(类型Ⅶ),而节理倾向上的共线相邻节理(CJ)间开始出现由剪切作用引起的准共面次生裂纹搭接模式(类型Ⅰ),且类型Ⅰ裂纹贯通数量随着节理组倾角的增大逐渐增加。由于 $\alpha=75°$ 试件节理组倾角较大并与最大主应力方向近似平行,因此压缩荷载所造成的应力集中主要位于节理组内部的岩桥,最终的裂纹搭接模式以节理间的准共面次生裂纹搭接模式(类型Ⅰ)为主。对于 90°节理组试件,其最终破坏模式为剪切劈裂破坏,破坏过程中在间隔节理(IJ)内形成了反次生裂纹及非共面次生拉伸裂纹搭接模式(类型Ⅶ)。

2.4.2 试件破坏模式

由 2.3 节分析可知:荷载作用下节理间裂纹的扩展及贯通最终导致含断续节理组试件破坏失稳[30,36]。由于受不同节理组倾角作用下试件破裂过程具有差异性,含断续节理组试件的最终破坏模式可以分为 5 类:穿过节理平面的张拉破坏、新生块体的转动破坏、混合破坏、沿节理面剪切破坏、整体劈裂破坏。各类破坏模式如图 2-26 所示,图中 T 表示拉伸裂纹,S 表示剪切裂纹。

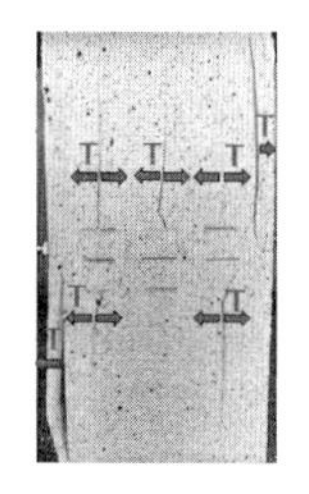

(a) $\alpha=0°$时穿过节理平面的张拉破坏

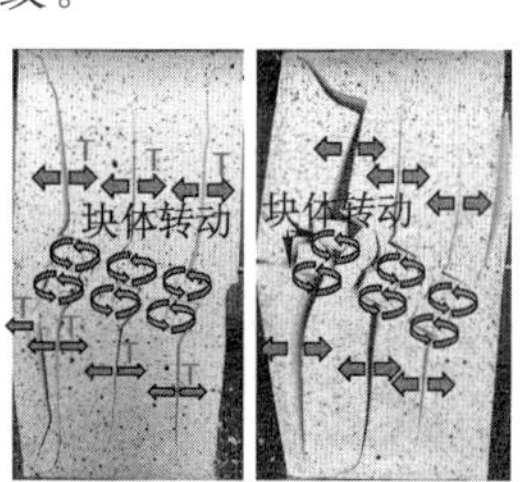

(b) $\alpha=15°$和$\alpha=30°$时新生块体的转动破坏

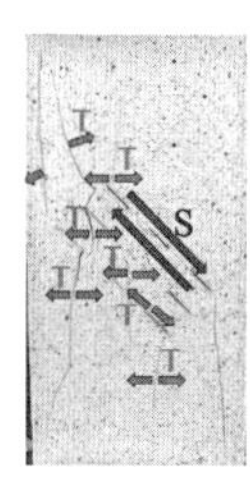

(c) $\alpha=45°$时混合破坏

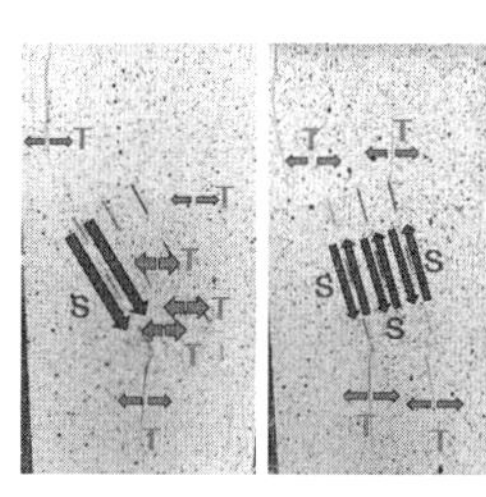

(d) $\alpha=60°$和$\alpha=75°$时沿节理面剪切破坏

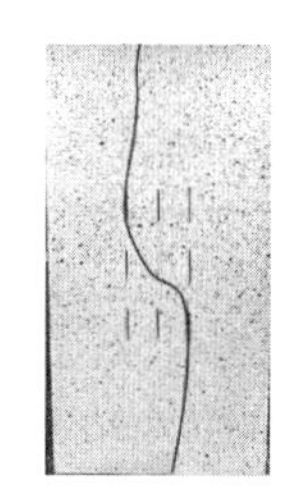
(e) $\alpha=90°$时整体劈裂破坏

图 2-26　不同节理组倾角时的试件破坏模式

(1) 穿过节理平面的张拉破坏

当节理组倾角为 0°时,在荷载作用下,预制张开型节理中部位置在轴向压力作用下产生拉应力并导致节理中部产生拉裂纹,拉裂纹不断向试件上、下端面扩展并成为主裂纹。由于拉裂纹扩展期间开度不断增大,试件靠近两侧边缘处岩体在荷载作用下产生张拉弯折破坏,并最终失去承载能力。最终的破坏模式如图 2-26(a)所示,主要的宏观破裂面均为张拉破裂。

(2) 新生块体的转动破坏

当节理组倾角为 15°和 30°时,节理尖端初期萌生的翼裂纹沿垂直节理面方向扩展,随着荷载增大到一定值后,节理法向上的相邻节理间出现贯通裂纹,并在节理组内切割出了 6 个独立的新生块体。由于独立块体与加载方向之间存在一定的倾角,因此在荷载作用下新生块体极易转动,转动过程中节理组区域外侧的拉裂纹迅速向上下端面扩展形成主破裂面,试件侧面岩体发生弯曲折断,试件承载结构急剧劣化,导致试件最终破坏,该破坏形式定义为新生块体转动破坏,如图 2-26(b)所示。

(3) 混合破坏

该类破坏出现在节理组倾角为 45°时试件中,其混合了剪切和拉伸破坏的特征,破坏模式如图 2-26(c)所示。此种破坏模式表现为:加载前期主要以拉裂纹的萌生及扩展所造成的损伤为主，而在峰值强度附近，其中 1 组节理组在节理倾向上的岩桥内发生剪切裂纹贯通，所引起的剪切滑移导致拉伸裂纹迅速向试件端面扩展贯通，最终导致试件失稳。

(4) 沿节理面剪切破坏

该类破坏出现在节理组倾角较大的情况下(60°及 75°)，在荷载作用下预制节理尖端产生的剪切裂纹沿着节理倾向扩展，并与相邻共线节理产生的剪切裂纹在岩桥内贯通，形成滑移剪切面。试件最终的破坏是剪切面在荷载作用下滑移导致的，破坏模式如图 2-26(d)所示。

(5) 整体劈裂破坏

该类破坏模式出现在节理组倾角为 90°的试件中，此时节理组倾角与试件加载方向平行，因此预制节理对试件的破裂演化过程影响较小。由上节对试件破坏过程的分析可知：虽然在试件破坏瞬间，预制节理间会发生裂纹贯通，但是在试件的破裂过程中预制节理周边无裂纹萌生，且最终的破坏形式同完整材料破坏模式基本相同，定义为整体劈裂破坏。

2.5　本章小结

采用石膏、石英砂及含消泡剂水溶液配制了一种类岩石材料，通过常规三轴压缩试验和巴西劈裂试验获取了该材料的基本物理力学性质参数。利用该类岩石材料制备了含不同节理组倾角的断续节理组试件，在单轴压缩条件下研究了节理组倾角变化所引起的试件力学行为特征的差异，并结合数字散斑技术和声发射监测技术，重点研究了含断续节理组试件加载过程中应变场演化、声发射特征及最终破坏模式特征，揭示了断续节理对围岩损坏的影响规律。主要结论如下：

(1) 节理组倾角对含断续节理组试件的力学性能影响明显。试件的峰值强度、起裂应力(90°除外)和弹性模量随节理倾角从 0°增大到 90°时均呈现先减小后增大的非线性变化规律，其中峰值强度和弹性模量在 30°时取最小值，试件的起裂应力在 45°节理组倾角时最低。

(2) 含断续节理组试件的损伤破坏呈现局部化渐进性破坏特征。在加载初期，应变集中区首先在预制节理周边聚集，之后在预制节理尖端附近高应变局部化带逐渐演化为宏观裂纹。裂纹一般产生于靠近试件端面的预制节理尖端并沿加载方向扩展，但扩展长度有限，随后裂纹的萌生及扩展主要集中于节理区域内部。当节理区域内裂纹的搭接贯通所引起的核心承载结构损伤达到一定程度后，由节理区域延展出的裂纹在外荷载作用下与试件自由面迅速贯通，进而引起试件的整体失稳破坏。

(3) 相邻节理间的裂纹萌生及贯通模式与节理组倾角密切相关。在小角度节理组倾角情况下(0°～30°)，节理法向相邻节理(NJ)间的裂纹搭接模式均为翼裂纹搭接模式(类型Ⅵ)；45°节理组角度时，则是翼裂纹搭接(类型Ⅵ)与剪切裂纹搭接(类型Ⅰ)共存；而在大节理组倾角情况下(60°，75°)，最终的裂纹的搭接模式以共线相邻节理间的准共面次生裂纹搭接模式(类型Ⅰ)为主。试件最终的破坏模式由节理组倾角控制，从 $\alpha=0°$到 90°共有 5 种破坏模式：穿过节理平面的张拉破坏、新生块体的转动破坏、混合破坏、沿节理面剪切破坏、整体劈裂破坏。

第3章 断续节理岩体锚固力学特性试验研究

工程岩体中往往存在大量的节理、裂隙等结构面，这些不连续结构面在外荷载的影响下会出现裂纹的萌生、扩展以及贯通，在不同程度上影响工程岩体的稳定性。锚固技术自20世纪初出现以来，在各类岩土工程加固中广泛应用，对锚杆锚固效果的研究越发深入，但以往的试验多针对含单个节理试件的锚固效应，针对断续节理岩体锚固效应的研究较少；之前的研究认为锚杆对节理岩体的加固作用主要通过增强节理面抗剪能力，阻止岩体沿节理面发生滑移错动为主，而随着各类高强预应力锚杆支护系统的不断发展应用，锚杆预应力对锚固体强度的影响越来越受到重视[93,102,112]，但是不同预应力作用及不同锚固形式下锚固体的力学差异研究鲜有报道。为了研究锚固形式对断续节理岩体的锚固力学效应，本章采用物理试验方法研究不同锚固方式和不同预应力对锚固体力学性质的影响[145]。

3.1 试验准备

3.1.1 锚杆材料选取

选取合适的锚杆材料一直是室内锚固试验研究的难点之一。从严格意义上讲，实验室锚固试件中锚杆材料与工程原型中锚杆的物理力学性能应符合相似理论，但受材料的尺寸、力学性能、加工条件等因素的限制，很难获得完全符合相似理论的材料模型。目前用于室内锚杆模拟试验的材料主要有：金属材料（铁，铜，铝）、非金属材料（楠竹，GFRP）等。

基于本试验研究内容，考虑选取锚杆相似材料的原则为：材料性能稳定、有足够的抗拉及抗剪能力、易施加预应力、方便锚杆受力的实时监测。参考相关研究文献，最终选择直径为6 mm的6061铝合金棒作为锚杆模拟材料，6061铝材的规格参数见表3-1。为制作相似锚杆，首先将铝棒加工成长110 mm的杆体并对两端进行套丝，丝长分别为10 mm和20 mm。为方便粘贴应变片及保护导线，对铝合金棒进行通长铣槽，槽宽3 mm，槽深1.5 mm。为保证应变片与锚杆表面的贴合，用细砂纸打去槽中的毛刺，再用酒精清洗，在槽中使用502胶水布设粘贴箔式电阻应变片BX120-1AA，制成测力锚杆。锚杆螺母端托盘采用30 mm×30 mm厚0.6 mm钢片进行模拟；螺母与托盘间放置聚酯塑料片，以减少摩擦并提高锚杆的预应力。对于端头锚固锚杆的锚固端，本试验采用螺母加小托盘（20 mm×20 mm，厚0.6 mm钢片）的方式进行模拟，模拟锚杆系统如图3-1所示。

表 3-1　6061 铝材的规格参数

铝材牌号	极限抗拉强度 /MPa	受拉屈服强度 /MPa	延伸率 /%	弹性模量 /GPa	弯曲极限强度 /MPa	弯曲屈服强度 /MPa	泊松比	疲劳强度 /MPa
6061	124	55.2	25	68.9	228	103	0.33	62.1

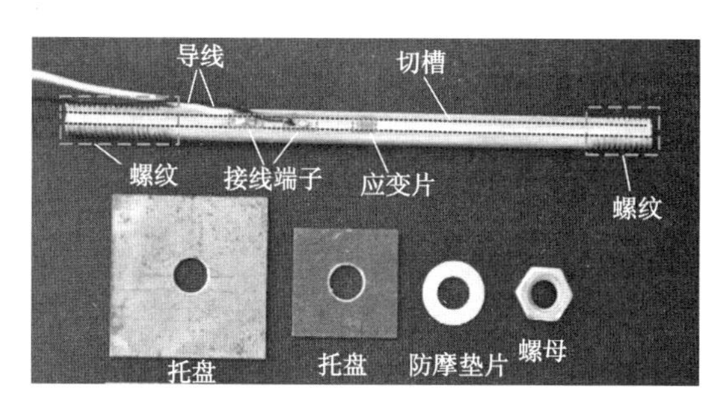

图 3-1　模拟锚杆系统图

为了能够准确施加预应力并监测试验中锚杆的受力情况，采用多功能试验机对所制作的测力锚杆进行拉伸试验，并对拉伸过程中应变片的微应变大小与锚杆拉力大小关系进行监测，如图 3-2 所示。由锚杆拉伸受力曲线可知：锚杆拉伸过程具有一定的阶段性，初始阶段锚杆轴力迅速上升，当轴力达到一定值后趋于稳定，但变形仍在增大；最后阶段随着锚杆的持续拉伸，锚杆轴力不断下降，并被拉断。因此将锚杆的拉伸分为三个阶段：弹性阶段、屈服阶段和塑性阶段。其中弹性阶段与屈服阶段以微应变 3 100 $\mu\varepsilon$ 为界，在 0～3 100 $\mu\varepsilon$ 范围内属于弹性变形范围，而当微应变大于 3 100 $\mu\varepsilon$ 时，锚杆处于塑性阶段。根据试验中应变仪所获得的应变片数据，结合锚杆的应变、应力关系方程式(3-1)，便可计算得到试验中锚杆的轴力。

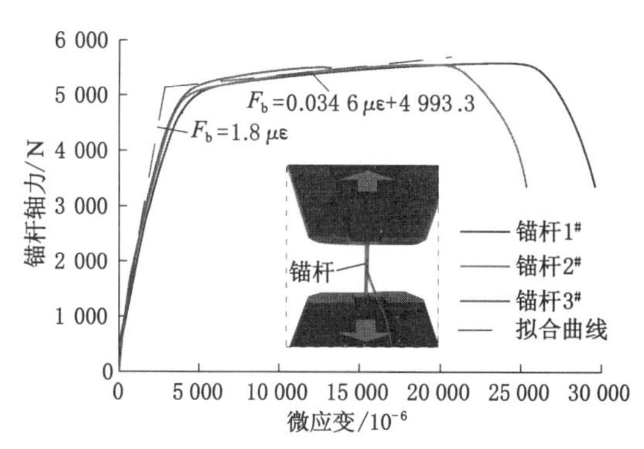

图 3-2　锚杆拉伸试验及微应变、锚杆轴力监测结果

$$
\begin{cases} F_b = 1.8\ \mu\varepsilon & (0 \leqslant \varepsilon \leqslant 3\ 100) \\ F_b = 0.034\ 6\ \mu\varepsilon + 4\ 993.3 & (3\ 100 \leqslant \varepsilon \leqslant 20\ 000) \end{cases} \tag{3-1}
$$

3.1.2　加锚试验方案设计

根据国内外各矿区的资料，在锚杆上所施加的预应力大小应为锚杆屈服强度的 30%～50%[102]。本试验所采用的铝棒屈服力为 5 kN 左右，综合考虑螺纹所能承受施加预应力的

大小，确定所施加最大预应力大小为屈服强度的 40%，即 84.7 MPa(2 kN)。预应力锚杆结构分为自由张拉段和锚固段，工程现场所采用的锚固形式主要分为端部锚固、加长锚固和全长锚固三种类型[102]。综合考虑本试验中试件的尺寸和操作的难易程度，在此仅考虑两种锚固方式，即端部锚固和全长锚固。不同锚固方式作用下节理岩体加固示意图如图 3-3 所示。

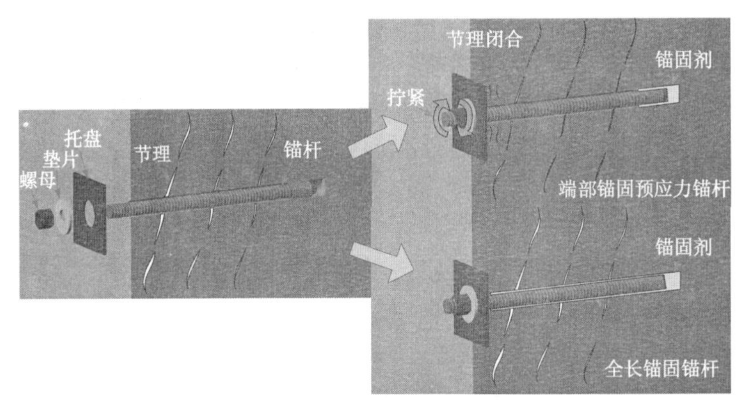

图 3-3　不同锚固方式作用下节理岩体加固示意图

对端部锚固的锚固端用螺母及垫片进行模拟，并设置有无预应力(0 kN)，21.2 MPa (0.5 kN)，42.35 MPa(1 kN)及 84.7 MPa(2 kN)4 种工况。在试件成型后，使用机床在试件侧面中部垂直钻取直径为 7 mm 的锚杆孔。不同预应力的施加通过使用扳手拧紧螺母并监测粘贴在锚杆上应变片的数值变化，直至稳定到设定大小来实现。为避免预应力随时间的损失对试验结果的影响，每次锚杆预应力的施加均在试件进行试验前进行，并在锚杆轴力相对稳定后进行加载试验。全长锚固通过在锚杆孔内注射植筋胶[146]模拟锚固剂，插入锚杆后静置 48 h，使锚固剂充分凝固，保证锚固质量，加锚完成的试件如图 3-4 所示。

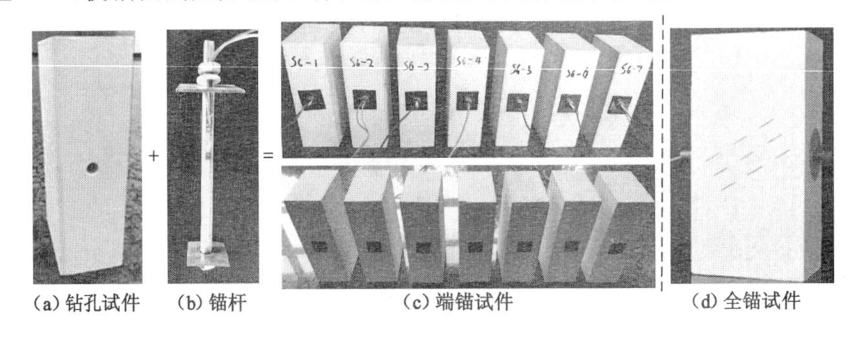

图 3-4　已制作完成的锚固试件示意图

3.2　锚固方式对加锚节理岩体力学性能的影响

锚固方式决定了加载时锚杆与围岩的受力机制，不同锚固方式的锚杆有着不同的受力机制，进而导致锚固体在加载过程中的变形破坏特征具有差异性。本研究所针对的端部锚固和全长锚固是工程中常采用的两种典型锚杆锚固形式。在此将无锚、端部锚固(无预应力)及全长锚固3种工况下(简化起见,端锚无预应力以下简称"端锚",全长锚固简称"全锚")的结果进行比较分析,研究锚固方式对含断续节理锚固体力学性能的影响规律。

3.2.1　锚固方式对节理岩体应力-应变关系曲线特性的影响

由于试件采用了相似材料浇筑,并对制作过程进行了严格控制,因此试件的应力-应变关系曲线的离散性相对较小,在此选取同种锚固方式中的一条曲线进行说明。由上一章对无锚试件的力学行为分析可知:无锚含断续节理试件在单轴压缩情况下,试件的应力-应变关系曲线峰后跌落明显,残余强度较低,呈现脆性破坏特征。图3-5给出了3种锚固方式时含节理组试件的应力-应变关系曲线。从应力-应变关系曲线特征来看,3种锚固方式的锚固体应力-应变关系曲线峰前阶段的形态差异不大。但与无锚试件相比,锚杆对曲线的峰后力学行为均有非常明显的影响。无锚试件在到达峰值强度之后会迅速跌落,表现出明显的脆性破坏特征。而两种加锚情况下的试件峰后曲线下降趋势明显变缓,试件表现出明显的延性破坏特征,且加锚试件的峰后残余强度明显大于无锚试件,说明锚杆无论采用端锚形式还是全锚形式,均能提高锚固体峰后的承载能力,且锚固体峰后残余强度阶段更加稳定。

从不同节理组倾角时锚固体的应力-应变关系曲线特征可以看出:不同锚固方式时锚固体的应力-应变关系曲线仍主要受节理组角度控制。受到不同节理组倾角时锚固体破坏过程的差异影响,两种加锚形式对试件的峰后应力-应变关系曲线形态的影响并不相同。在$\alpha=0°$及$\alpha=15°$的小节理组倾角情况下,端锚试件在到达应力峰值点后,由于锚杆与锚杆孔壁间存在空隙,在试件本身发生破坏时锚杆无法及时给予试件以支撑力,导致锚固体应力-应变关系曲线出现小幅降低,随后应力曲线会保持在相对稳定的应力值附近并略有波动。而采用全长锚固形式的试件中锚杆与围岩耦合较好,对围岩变形的反应更为直接,因此峰后的应力曲线呈缓慢下降趋势,但下降幅度大于端锚试件。而对于$\alpha=30°$及$\alpha=45°$加锚试件,两种锚固形式时的应力曲线特征相似,均在峰后跌落过程中出现应力拐点,拐点过后锚固体承载能力再次增强并出现应变硬化趋势。此时应力-应变关系曲线出现第二峰值,但两个峰值大小在不同角度有所差别,$\alpha=30°$时第二峰值大于第一峰值,而$\alpha=45°$时第二峰值小于第一峰值。同时,全锚工况下锚固体承载能力明显优于端锚工况,2个峰值和峰后拐点应力水平均高于端锚试件。随着节理组倾角增大到60°及75°,全锚与端锚作用下锚固体的应力-应变关系曲线差异主要体现在全锚状态下锚固体应力峰值前所出现的波动状态明显受到抑制,但两种锚固工况下试件峰后应力曲线趋势基本相同。由于含$\alpha=90°$节理组锚固体试件的应力-应变关系曲线均表现为峰后脆性跌落特征且峰后残余强度较低,因此锚杆对90°节理组试件的锚固强化效果作用有限。

3.2.2　锚固方式对节理岩体强度的影响

全长锚固及端锚无预应力条件下锚固体峰值强度见表3-2及图3-6。为了对比锚固前后锚固方式对锚固体峰值强度的影响,将无锚峰值强度同样绘于图3-6中。由图3-6可知:3种锚固方式时的试件的峰值强度随节理组角度增加大致呈"U"形变化,即从0°到90°抗压强度先降低后升高。3组试件的峰值强度均在节理组角度为90°时达到最高值;节理组倾角为0°、60°和75°时的抗压强度次之;节理组倾角为15°、30°和45°时锚固体强度最低。其中端锚及全锚试件均在节理组角度为45°时强度最低,分别为9.2 MPa和11.1 MPa;而无锚试

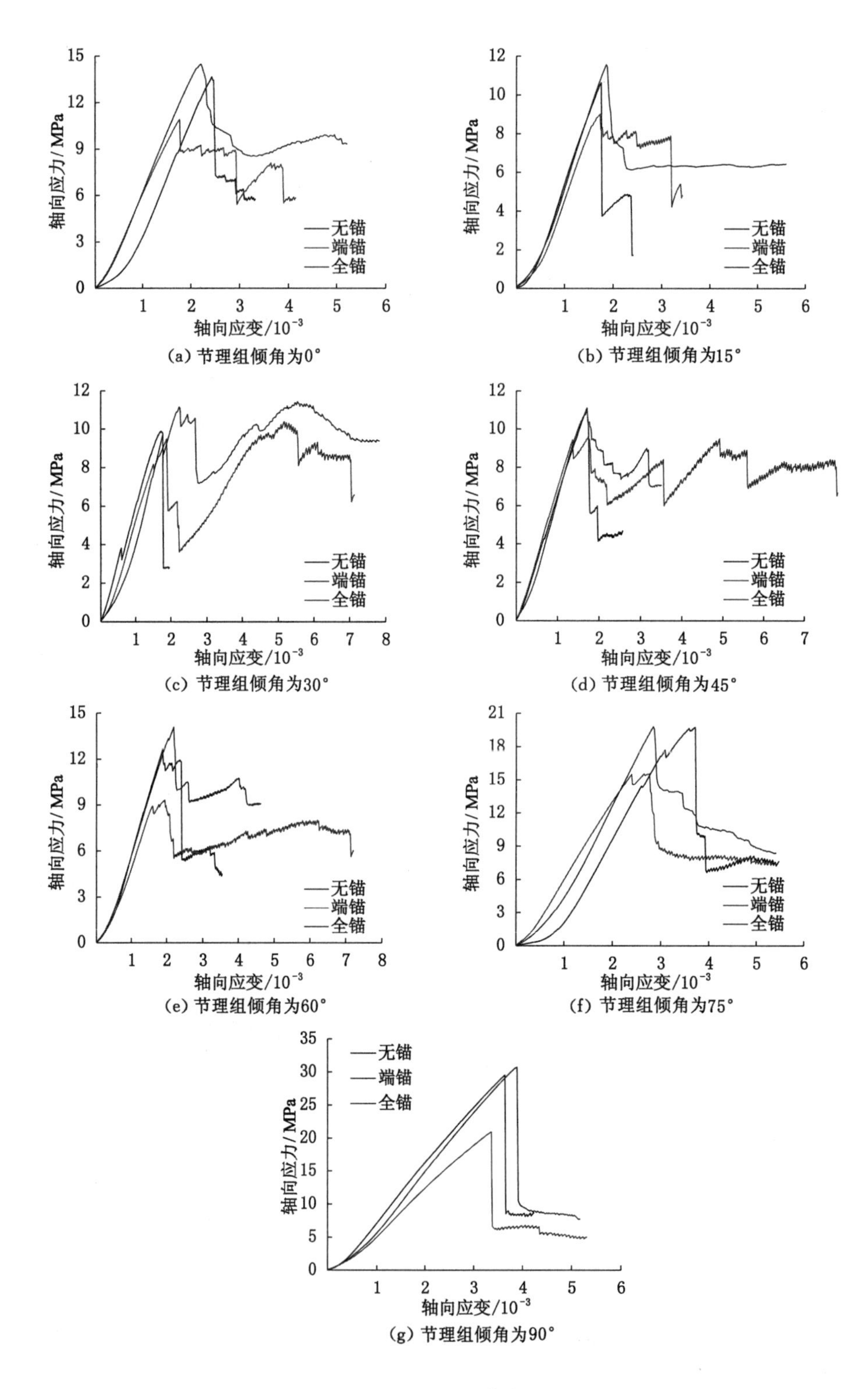

图 3-5 不同锚固方式时的锚固体应力-应变关系曲线

件的最小强度30°时取最低值。

表3-2　不同锚固情况时的锚固体峰值强度　　单位:MPa

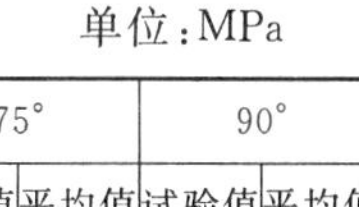

节理组倾角	0°		15°		30°		45°		60°		75°		90°	
	试验值	平均值	试验值	平均值	试验值	平均值	试验值	平均值	试验值	平均值	试验值	平均值	试验值	平均值
全长锚固	12.3	13.4	11.6	12.4	12.3	11.7	11.2	11.1	11.1	12.6	19.6	20.0	30.7	30.0
	14.5		13.2		11.1		10.9		14.1		20.4		29.3	
端锚无预应力	10.9	11.1	9.1	9.4	9.9	9.6	9.4	9.2	9.5	10.0	15.5	15.7	20.0	20.5
	11.3		9.7		9.2		8.9		10.4		15.9		21.0	

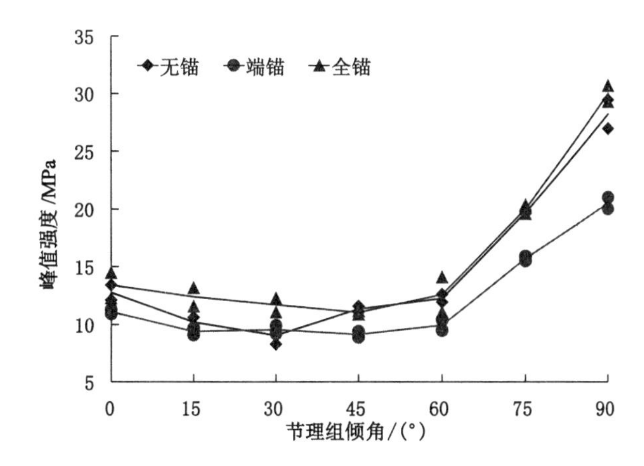

图3-6　不同锚固方式时锚固体峰值强度随节理组倾角的变化曲线

通过对比无锚、端锚和全锚试件平均抗压强度可以发现:总体来看3种情况中采用全长锚固的试件抗压强度最高,端锚无预应力锚固体强度最低,但是不同节理组倾角时锚固方式对锚固体抗压强度的影响又有所差异。为了进一步分析锚固方式对试件峰值强度的强化效果,在此将不同锚固方式时的锚固体峰值强化系数随节理组角度的变化规律绘于图3-7中。以全锚为例,当节理组倾角为15°及30°时,全长锚固锚杆对试件峰值的提高幅度分别为21.7%及29.3%,而其余角度时,锚杆对于锚固体抗压强度的影响范围均在7%以内,说明全长锚固形式对15°及30°节理组倾角试件锚固强化作用更明显。而对于端锚试件,除30°节理组倾角试件采用端锚时抗压强度相较于无锚试件提升了6%之外,其余节理组角度时的锚固体抗压强度较无锚试件均有不同程度的弱化,且节理组在45°～90°较大倾角情况时,锚固体抗压强度的弱化系数均在20%左右。

3.2.3　锚固方式对节理岩体弹性模量的影响

表3-3及图3-8中所示为不同锚固方式时锚固体的弹性模量,可以看出:断续节理组倾角对锚固体弹性模量具有决定性影响,两种锚固方式时锚固体的弹性模量随节理组倾角增大均呈"V"形变化趋势,即随节理组倾角增大,锚固体弹性模量先减小后增大,当节理组倾角为30°时,弹性模量取最低值。其中端锚试件的弹性模量略小于无锚试件,相较于无锚试件弹性模量均弱化约10%;而全锚试件的弹性模量均大于无锚试件,究其原因则是全长锚

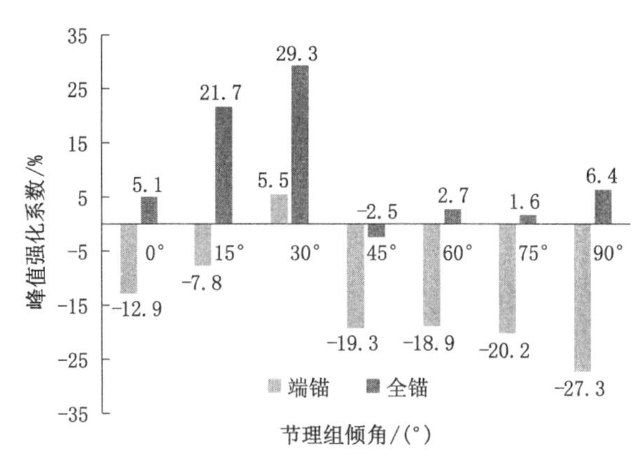

图 3-7　两种锚固方式时锚固体的峰值强化系数

固工况下锚杆杆体与孔壁之间充满锚固剂，在加载变形过程中锚杆通过锚固剂与试件共同承载，而锚杆弹性模量要大于类岩石材料，因此全锚锚固体组成的复合材料结构弹性模量大于无锚试件。但不同预制节理组倾角时，全长锚固对弹性模量的提升率并不相同，如图 3-9 所示。与无锚相比，断续节理组倾角为 30°、45°及 90°时的弹性模量提升效果最明显，分别增大 9.5%、8.2%及 13%；而其他预制节理组角度时，全长锚固所带来的弹性模量提升并不明显。

表 3-3　不同锚固方式时的锚固体弹性模量　　　　单位：GPa

节理组倾角	0°		15°		30°		45°		60°		75°		90°	
	试验值	平均值	试验值	平均值	试验值	平均值	试验值	平均值	试验值	平均值	试验值	平均值	试验值	平均值
全长锚固	8.1	7.8	7.9	7.7	7.3	7.4	7.4	7.6	8.2	7.9	8.9	8.2	9.0	9.2
	7.4		7.4		7.5		7.9		7.6		7.6		9.5	
端锚无预应力	6.7	6.9	7.1	6.8	5.9	6.3	6.4	6.5	6.6	6.8	7.1	7.1	7.3	7.2
	7.1		6.5		6.7		6.6		6.9		7.1		7.1	

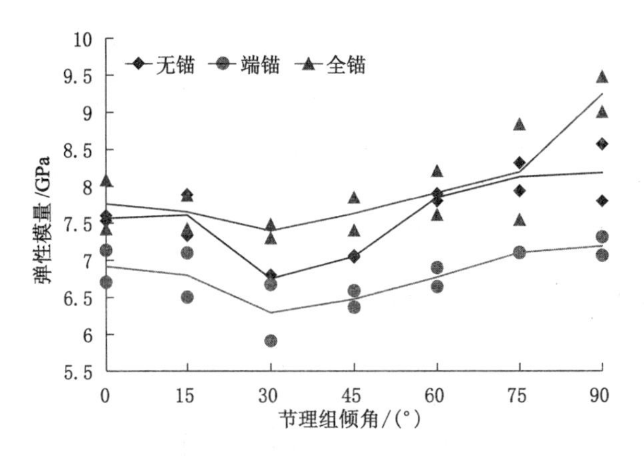

图 3-8　不同锚固方式时锚固体弹性模量随节理组倾角变化曲线

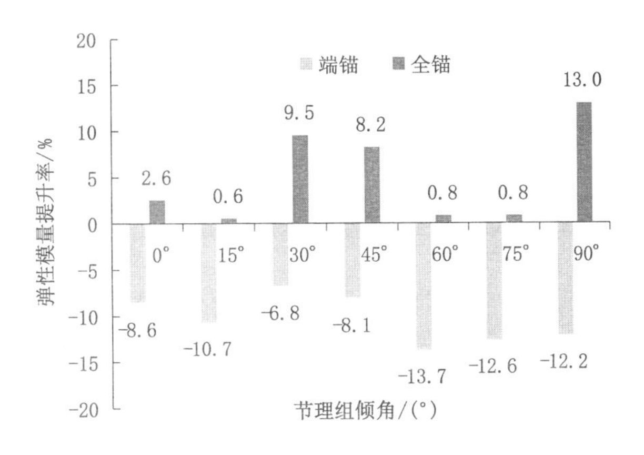

图 3-9　两种锚固方式时锚固体的弹性模量提升率

需要特别说明的是，之前一些学者所做试验的试验结果[93,147]表明锚杆的施加会提高锚固体的抗压强度和弹性模量。但对于本试验结果来说，尤其是端锚无预应力试件，除30°节理组加锚试件外，其余试件的峰值强度均低于无锚试件。分析该现象的主要原因是：本研究所采用的类岩石材料属于脆性材料，在锚固体加载过程中的峰前阶段试件变形较小，由于在试件围岩未发生较大变形之前，锚杆仅有端头与围岩接触，锚杆杆体与围岩之间没有传力介质，因此节理张开或错动时，围岩的变形会使整根锚杆杆体均匀拉伸，试件的变形破坏引起的力均匀分布于整个杆体上[102]，如图 3-10(a)所示。因此杆体对围岩的变形不敏感，加上锚杆孔弱化了试件的强度，因此采用端锚无预应力锚杆的锚固体峰值强度低于无锚试件。而对于全长锚固锚杆，由于锚杆与孔壁之间充满锚固剂，而锚杆相对于类岩石材料作为一种高强度韧性材料，同类岩石材料基质组成复合材料[148]，因此只要锚杆孔附近围岩有任何变形错动趋势都将直接通过锚固剂的传递作用对杆体的应力状态产生影响，引起锚杆沿轴向产生抗拉或沿锚杆法向产生抗剪作用，尤其是在节理面附近，如图 3-10(b)所示。因此采用全长锚固锚杆的锚固体，无论是抗压强度还是弹性模量，均高于无锚试件。

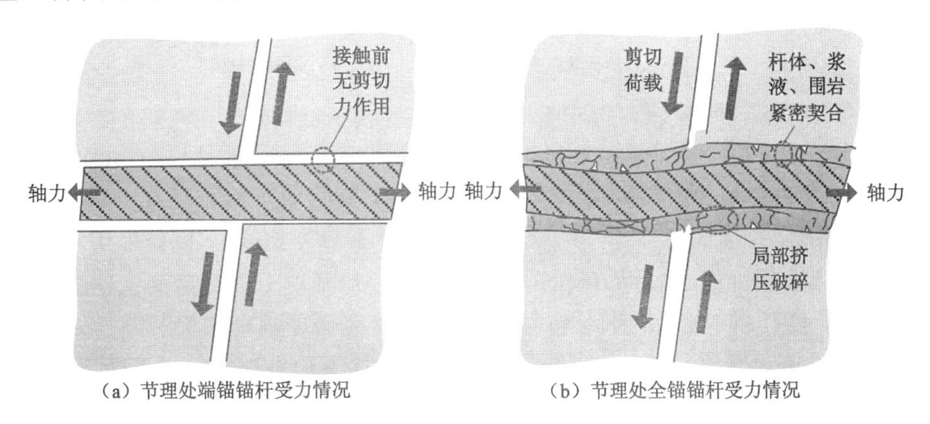

图 3-10　不同锚固方式时锚杆与围岩在节理处的受力情况

3.3 预应力锚杆对含断续节理组锚固体的抗压强度及变形特征的影响

3.3.1 预应力锚杆对含节理组岩体应力-应变关系曲线的影响

与无锚试件类似，不论预应力和节理组倾角大小为多少，加锚试件的应力-应变关系曲线均主要经历五个阶段：初始压密阶段、线弹性变形阶段、峰前非线性变形阶段、峰后破坏阶段及残余强度阶段。其中加锚试件的峰前应力-应变关系曲线三阶段与无锚试件类似，但峰后曲线特征受节理组倾角和预应力大小的双重影响，呈现明显的非线性变形破坏特征。在此根据试验所获得的锚固体峰后应力-应变关系曲线特征，可将应力-应变关系曲线归纳为5种曲线类型，即峰值跌落至屈服平台后应变软化、峰值跌落至屈服平台后应变硬化、屈服后应变硬化、阶梯状应变软化、单峰值跌落。各类型曲线简化图如图3-11所示。

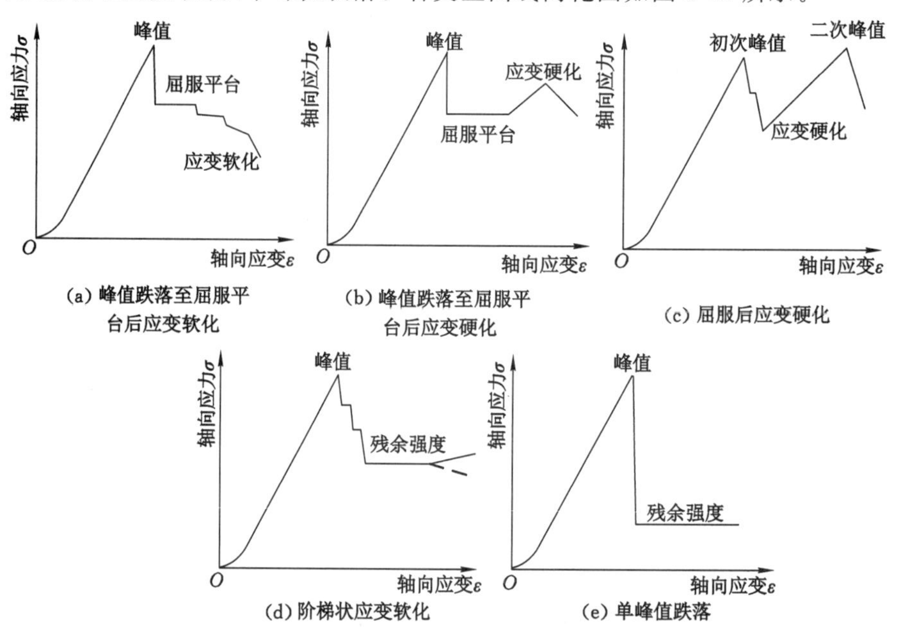

图3-11 锚固体应力-应变简化关系曲线类型

3.3.1.1 类型Ⅰ——峰值跌落至屈服平台后应变软化

节理组倾角$\alpha=0°$锚固体应力-应变关系曲线属于类型Ⅰ曲线，不同预应力加锚试件的全应力-应变关系曲线如图3-12(a)所示。由图可见：施加预应力锚杆后的加锚试件峰前应力曲线形态基本相同，随着预应力的增大，锚固体的峰值强度逐渐增大。到达峰值强度之后，试件承载能力开始下降，试件应力-应变关系曲线整体上均表现为峰后不断下降趋势，相对于无锚试件的峰后跌落幅度，加锚试件的峰值跌落明显减小，且加锚应力-应变关系曲线普遍存在一个水平较高的应力屈服平台，呈塑性流动状态。随着变形的继续增大，加锚试件承载能力继续下降，对比发现应力平台后的应力-应变关系曲线形态受锚杆预应力大小影响显著。在0 kN和0.5 kN预应力情况下，平台后的应力-应变关系曲线呈锯齿形反复波动。

随着锚杆预应力的提高(1 kN 和 2 kN),加锚试件的峰后应力-应变关系曲线呈阶梯形缓慢跌落,说明高预应力锚杆能够阻止围岩在峰后出现剧烈的变形破坏。

3.3.1.2 类型Ⅱ——峰值跌落至屈服平台后应变硬化

节理组倾角 $\alpha=15°$时的锚固体应力-应变关系曲线属于Ⅱ型,如图3-12(b)所示,与Ⅰ型曲线不同的是,该节理组倾角时加锚试件应力-应变关系曲线形态相对复杂,但整体上表现为峰值后会出现一个相对稳定的应力平台。应力平台的出现说明锚杆的施加使锚固体的峰后破坏由脆性向延性转变。随着加载的持续进行,锚杆的抗剪作用逐渐发挥,后期应力-应变关系曲线再次出现上升趋势,此时应力-应变关系曲线出现双峰值,但第二峰值小于第一峰值。锚杆预应力大小对峰后曲线同样产生明显影响,在低预应力状态下(0 kN 和 0.5 kN),试件在峰值强度之前应力-应变关系曲线及峰值强度之后的应力平台均有较大的应力波动现象。随着锚杆预应力的提高,应力-应变关系曲线在峰值前的波动逐渐消失,且峰后的应力平台变得平缓,同时随着加载的持续进行,锚固体的承载能力再次上升。在高预应力(2 kN)情况下,试件的峰后曲线波动现象基本消失,应力平台的变化更缓和。

3.3.1.3 类型Ⅲ——屈服后应变硬化

节理组倾角 $\alpha=30°$及 $\alpha=45°$时的锚固体应力-应变关系曲线属于Ⅲ型,如图3-12(c)和图3-12(d)所示,可以看出:与Ⅱ型曲线相类似,Ⅲ型应力-应变关系曲线同样出现了多峰值现象,但与Ⅱ型曲线不同的是,Ⅲ型应力-应变关系曲线的第二峰值高于第一峰值,说明预应力锚杆对30°节理组试件峰后承载能力的强化作用更明显。通过观察可以发现:随着预应力的提高,加锚试件的第一峰值强度和第二峰值强度均有所提高。相较于低预应力锚杆作用下,试件应力-应变关系曲线出现多次波动,在高预应力作用下,试件的峰后曲线相对平缓,波动幅度和次数均有所下降。且经对比可以看出:$\alpha=45°$试件曲线在到达由软化过渡到强化的拐点时,试件的应力跌落幅度小于 $\alpha=30°$试件。

3.3.1.4 类型Ⅳ——阶梯状应变软化

节理组倾角 $\alpha=60°$及 $\alpha=75°$时的锚固体应力-应变关系曲线属于Ⅳ型,如图3-12(e)和图3-12(f)所示,可以看出:锚杆的施加改变了无锚试件中容易出现的脆性跌落现象,该类应力-应变关系曲线的峰后特征表现为缓慢阶梯形跌落,并在跌落至最低点后进入一段相对稳定的残余应力平台。对比不同预应力作用下残余应力平台的高低可以看出:预应力的大小会影响初次峰值后的跌落幅值,即预应力越高,抗压强度衰减值越小,峰后残余应力水平越高。随着应变的持续增大,受不同节理组倾角试件的残余应力阶段破坏模式的影响,锚固体残余强度阶段的应力演化特征并不相同,从图3-12可以看出:$\alpha=60°$锚固体应力-应变关系曲线表现为缓慢上升趋势,而对于 $\alpha=75°$锚固体应力-应变关系曲线表现为逐渐下降趋势。

3.3.1.5 类型Ⅴ——单峰值跌落

对于节理组倾角 $\alpha=90°$试件,与其他节理组倾角试件不同,预应力锚杆的施加并未明显改变90°节理组试件的应力-应变关系曲线形态,但随着预应力的提高,试件的峰值强度有所提高但并不明显,如图3-12(g)所示。加锚试件均表现为脆性劈裂破坏特征,因此加锚试件应力-应变关系曲线与无锚试件一样均呈单峰值跌落至残余强度,且残余强度水平基本相同,说明预应力大小对90°倾角节理组峰后承载能力影响有限。

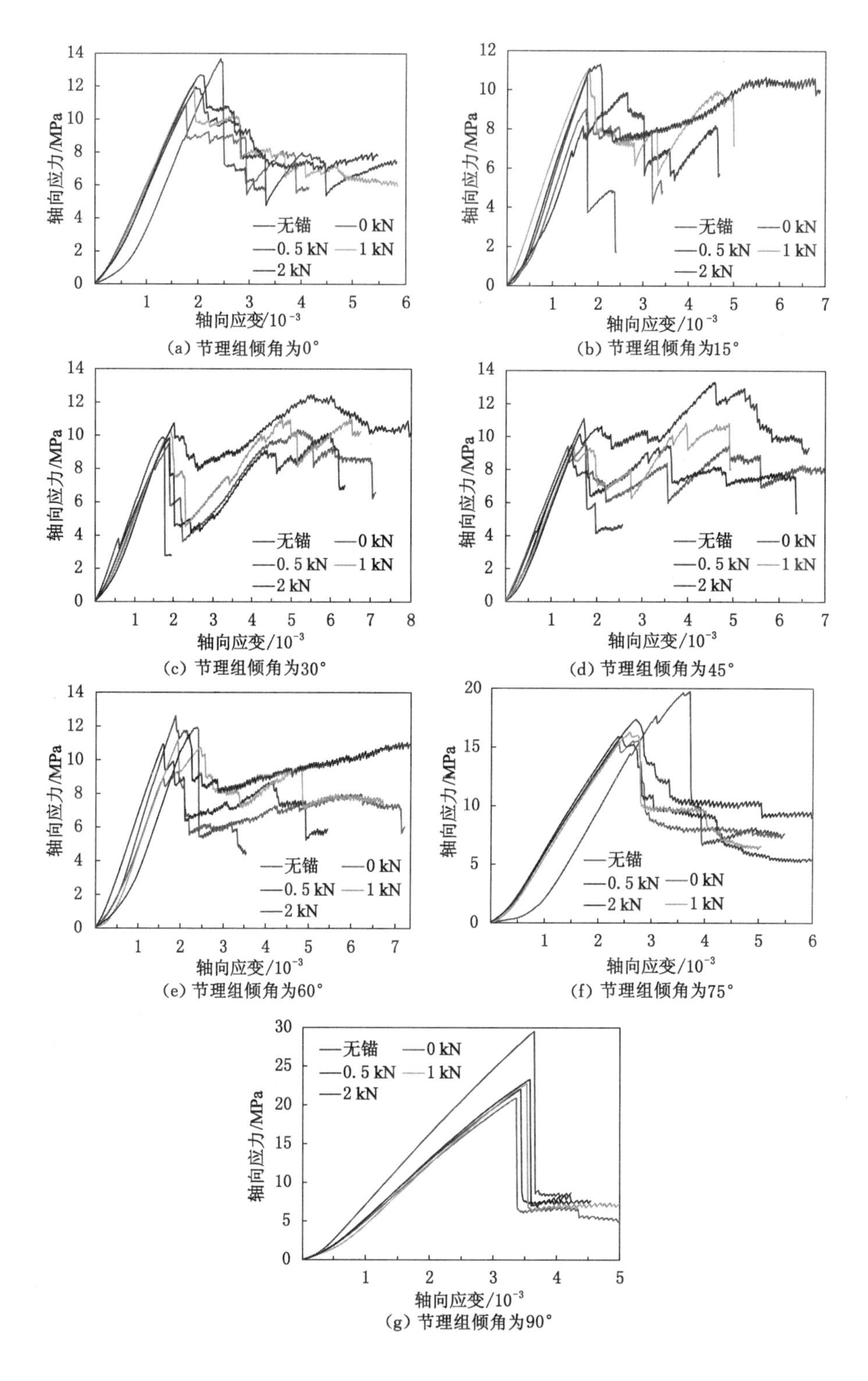

图 3-12　不同预应力作用下节理组试件应力-应变关系曲线

3.3.1.6 锚杆预应力对锚固体应力-应变关系曲线特征的影响分析

通过对加锚试件的峰后曲线特征对比发现：无锚及加锚试件的应力-应变关系曲线在峰后均会出现下降趋势。与无锚试件达到峰值强度后迅速跌落至残余强度相比，除 $\alpha=90°$ 锚固体外，其余加锚试件在峰值强度过后的应力-应变关系曲线均呈现缓慢跌落趋势。在同一节理组倾角情况下，随着锚杆预应力的增大，锚固体的峰后曲线下降幅度逐渐减小，锚固体的峰后力学特征表现出由脆性向延性转变的趋势，说明预应力能够抑制断续节理岩体的峰后脆性破坏。同时部分节理组倾角下锚固体的应力-应变关系曲线在峰后加载过程中会出现再次上升趋势，即呈现应变强化特征，如同 30°及 45°节理组倾角加锚试件。

受不同锚杆预应力作用影响，即使在同一节理组倾角下的锚固体峰后的应力-应变关系曲线变化形态十分复杂，体现了预应力锚杆对含节理组试件锚固体在加载破坏过程中不同的相互作用机制。当锚固体达到峰值强度后，试件内部的微裂纹汇聚成为宏观裂隙，此时破裂面之间的黏聚力基本丧失。对于此时的无锚试件来说，其承载力基本全部由破裂面之间的摩擦力提供，而加锚试件除了破裂面之间摩擦力之外，还加上锚杆轴向的约束和切向的抗剪作用，因此随着变形的持续增大，破碎岩体和锚杆结构所形成的组合体会再次达到新的稳定承载结构，该承载结构受不同节理组倾角引起的破裂结构上差异的影响，在峰后曲线表现上可能会在曲线不断降低后维持在一个稳定值(0°，60°，75°，90°)，即残余应力平台；或者是在峰后应力曲线首先下降而后又出现稳定上升趋势(15°，30°，45°)，即出现二次峰值现象。

由以上对不同节理组倾角锚固体应力-应变关系曲线分析可知：加锚与否对试件的峰后表现影响明显。锚杆预应力的增大，会显著提高加锚试件的峰后残余强度。但受制于不同节理组情况下试件的破坏模式差异和不同锚固工况时试件强化机理的不同，锚固体的峰后力学响应又有所不同，但是从总体来看预应力锚杆对锚固体的峰后力学行为起到了应变强化作用。这与 D. A. Huang 等[149]、Y. H. Huang 等[150]、G. S. Han 等[151]、刘学伟等[152-153]、肖桃李等[154]在含节理试件双轴或三轴压缩试验中得到的试验结果相同，说明对锚杆施加预应力等效于在试件两侧增加了侧向压力，进而提高了锚固体的残余强度水平。

3.3.2 预应力锚杆对锚固体峰值强度的影响

不同预应力作用下各节理组倾角试件的平均峰值强度见表 3-4 和图 3-13，其中对于含有双峰值的试件，峰值强度取最高值。可以看出：与无锚试件的峰值变化趋势不同，加锚试件的峰值强度随节理组倾角的变化趋势均呈“W”形变化，但不同预应力情况下，峰值强度最低值的节理角度又有所差异，其中低预应力情况下(无预应力及 0.5 kN 预应力)锚固体的峰值强度变化随着节理组倾角的增大先降低后升高，当节理组倾角为 45°时试件峰值强度最小；而在高预应力(1 kN 及 2 kN)情况下，试件峰值强度的最低值出现在 15°节理组倾角情况下。通过对比相同节理组角度时的不同预应力大小的加锚试件峰值强度可知：除节理组倾角为 90°时试件外，随着预应力的提高，试件的峰值强度均有所增大，表明锚杆预应力对锚固体起强化作用。

表 3-4　不同预应力情况下锚固体峰值强度　　单位:MPa

预应力/kN	0°		15°		30°		45°		60°		75°		90°	
	试验值	平均值	试验值	平均值	试验值	平均值	试验值	平均值	试验值	平均值	试验值	平均值	试验值	平均值
0	10.9	11.1	9.1	9.4	9.9	9.6	9.4	9.2	9.5	10.0	15.5	15.7	20.0	20.5
	11.3		9.7		9.2		8.9		10.4		15.9		21.0	
0.5	11.9	11.6	9.9	9.9	10.7	10.3	10.1	9.8	11.0	11.0	15.9	16.0	22.0	21.0
	11.2		9.8		9.8		9.5		10.9		16.0		20.0	
1	12.1	11.6	10.4	10.0	10.8	11.2	10.9	11.7	11.1	11.2	16.3	16.2	22.7	21.9
	10.9		9.7		11.6		12.4		11.2		16.1		21.0	
2	13.4	12.35	10.0	10.7	11.0	11.8	11.5	12.4	12.0	11.7	16.8	17.0	23.0	22.7
	12.6		11.3		12.5		13.3		11.4		17.2		22.4	

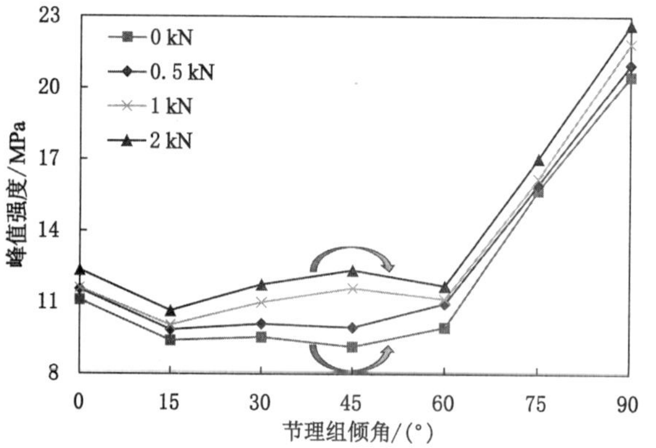

图 3-13　不同预应力锚杆作用下锚固体峰值强度随节理组倾角变化曲线

以上分析表明:同一节理组倾角时随着锚杆预应力的提高,锚固体的峰值强度相应提高,但是预应力锚杆对不同节理组倾角试件的提高效果并不相同。为了比较分析预应力大小对不同节理组试件峰值强度的提高效果,在此定义预应力强化系数 λ_{pp} 为施加预应力试件峰值强度 σ_{pp} 相对无预应力加锚试件的峰值强度 σ_{p0} 的提高值与无预应力加锚试件的峰值强度 σ_{p0} 的比值,见式(3-2)。

$$\lambda_{pp} = \frac{\sigma_{pp} - \sigma_{p0}}{\sigma_{p0}} \tag{3-2}$$

式中,λ_{pp} 为预应力强化系数;σ_{pp} 为施加预应力加锚试件峰值强度;σ_{p0} 为无预应力加锚试件的峰值强度。

图 3-14 给出了预应力强化系数与节理组倾角及预应力之间的关系,可以看出:相同预应力大小时不同节理组试件的峰值强度提高幅度各不相同。以 2 kN 预应力为例,除含 90°倾角节理组试件外,相对于未施加预应力的试件,施加 2 kN 预应力后 45°节理组倾角试件的峰值强度提高幅度最大,为 35%;而对 75°节理组倾角试件的峰值强度提高幅度最小,仅为 8.6%。其余预应力工况下,试件峰值强度的提高情况类似。预应力对不同节理组倾角锚固体强化系数的影响程度的差异主要受试件加载过程中试件的破裂行为的影响,关于该

影响将在下一章中予以讨论。

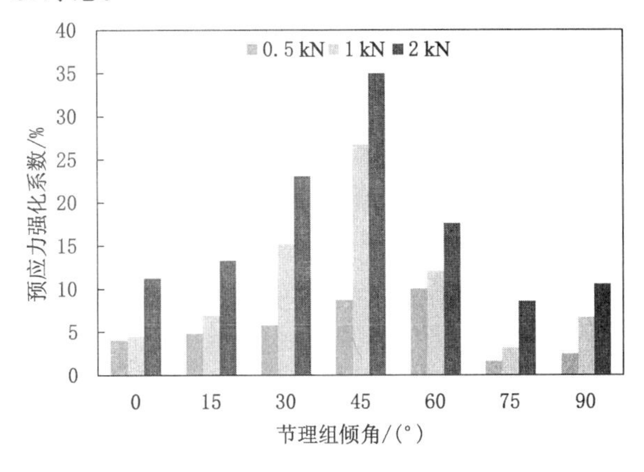

图3-14　预应力强化系数与节理组倾角及预应力之间的关系

据前文可知，锚固体的峰值强度随预应力的增大呈增大趋势。为了分析不同节理倾角时预应力增大对锚固体的强化系数的影响，在此对锚固体强化系数与锚杆预应力大小进行相关性分析，并对试验所得结果进行拟合，拟合曲线如图3-15所示。从图3-15可以看出：含节理组锚固体的强化系数与预应力呈非线性函数关系，其中节理组倾角为0°、15°、60°、75°时呈指数函数关系，30°、45°及90°时呈对数函数关系，拟合优度均大于0.94，表现出较高的拟合优度。

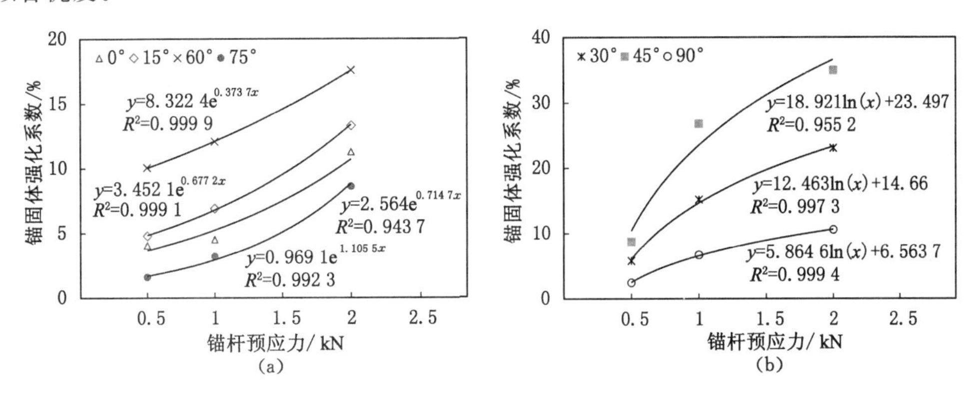

图3-15　锚固体强化系数随预应力变化曲线

3.3.3　预应力锚杆对锚固体弹性模量的影响

采用锚杆对岩体进行加固后，预应力的施加能够提高岩体的黏聚力与结构面的强度，进而影响岩体的力学性质。在此以弹性模量为指标分析锚固体变形特征。根据弹性模量的定义，选取锚固体应力-应变关系曲线上屈服点前线弹性段的斜率作为弹性模量。不同预应力工况下锚固体的弹性模量随节理组倾角的变化曲线如图3-16所示。

（1）由图3-16可知：在相同锚固工况下，锚固体弹性模量随节理组倾角的增大总体上呈"V"形变化，即先降低后升高，与无锚试件基本相同。其中不同预应力工况下的锚固体弹性模量均在30°倾角节理组试件时为最小，弹性模量最大值则出现在较大倾角75°及90°节

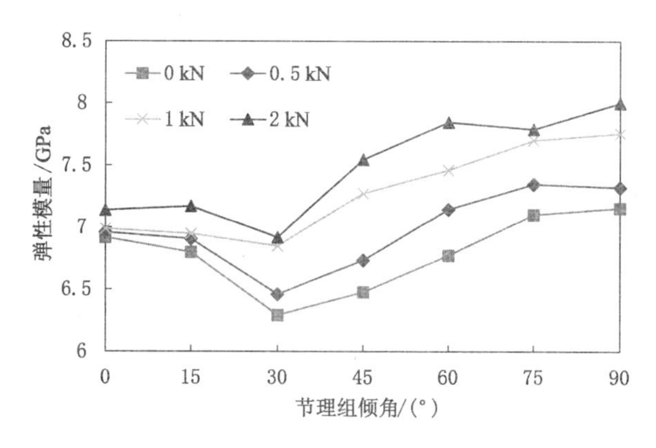

图 3-16 不同预应力作用下锚固体弹性模量随节理组倾角的变化曲线

理组试件中。

(2) 不同节理组倾角时的锚固体弹性模量与预应力大小密切相关。与无锚试件相比，采用端锚预应力锚固的试件弹性模量除在 30°及 45°倾角节理组的 1 kN 及 2 kN 预应力时大于无锚试件外，其余锚固试件弹性模量均低于无锚试件。该结果与之前张宁等[88]、周辉等[93]、G. F. Lei 等[92]在试验中所获得的加锚试件弹性模量相对于无锚试件的弹性模量均有所提升的结果并不一致，产生该差异的原因包括锚杆材料不同、类岩石材料本身力学参数差异、预制裂隙形式的差异(裂隙数量，张开及闭合裂隙)等。此外分析产生该现象的主要原因是：本试验试件加锚形式采用端锚结构，端锚锚杆(直径 6 mm)与锚杆孔壁(直径 7 mm)之间存在空隙，因此锚杆孔的存在使岩体结构弱化，导致加锚试件弹性模量普遍小于无锚试件。

(3) 在同一预应力大小情况下，不同锚杆预应力对试件弹性模量的提高作用同样有所差别，但整体趋势一致。这里以不同预应力时锚固体弹性模量相对于 0 kN 预应力试件弹性模量的提高值与 0 kN 预应力试件弹性模量的比值作为弹性模量的提升率。图 3-17 所示为 3 种预应力锚杆对锚固体弹性模量提升率的影响。可以看出：弹性模量的提升率呈先增大后减小趋势，其中 45°及 60°节理组倾角试件的弹性模量对预应力的变化最敏感。这里以 2 kN 预应力锚杆为例，预应力对 45°倾角节理组试件的弹性模量提高幅度最大，提升率为 16.6%；最小弹性模量提高率出现在 0°节理组倾角试件中，仅为 3.2%，说明端锚工况下预应力的提升对 0°倾角节理组试件的弹性模量影响较小。

3.3.4 预应力锚杆对锚固体峰后脆性的影响分析

脆性是指岩石在很小的变形情况下就发生破坏的性质。作为岩石的一种重要力学指标，脆性指标反映了岩石在荷载作用下的变形破裂特性，在岩体工程的稳定性评价中具有重要意义。在低应力情况下，脆性围岩表现为片帮、块体滑移等渐进式破坏形式。而在高应力情况下，脆性岩体在积聚了大量弹性能后容易引发突然的脆性破坏，造成岩爆等事故[155]。因此，对岩体的脆性指标进行评价对工程围岩的稳定性控制具有十分重要的意义。锚杆支护作为岩土工程稳定性控制的重要手段，其对于岩体的强化作用已被众多工程实践和室内试验所证实[54,156-157]，但是针对锚固体强化效果的研究目前主要集中于变形模量、峰值强度及残余强度的提高等方面，而关于锚杆对锚固体峰后脆性表现的影响的研究还鲜有报道。

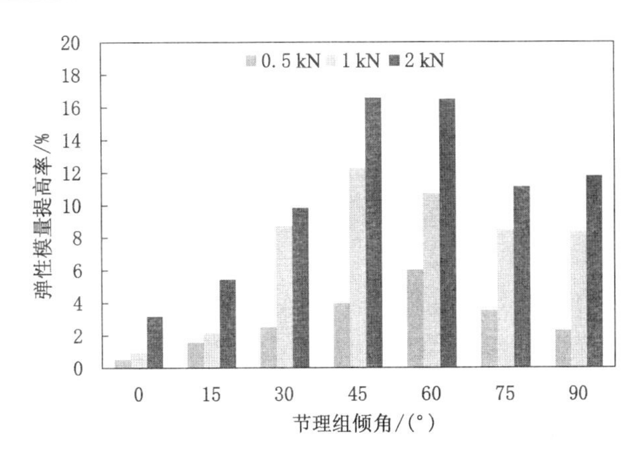

图 3-17　预应力锚杆对不同倾角节理组试件弹性模量提高率的影响

因此，本节将对预应力锚杆作用下含节理组类岩石试件的脆性影响进行研究。

目前对于岩石脆性指标的研究，国内外学者采用不同的方法和手段并提出了众多脆性指标判断方法。概括起来分为以下几类：(1) 根据脆性矿物含量的矿物组分法[158]；(2) 基于岩石力学参数的计算方法[159-160]；(3) 基于应力-应变关系曲线的脆性指标计算方法[161-163]；(4) 其他脆性指标计算方法[164]。其中通过单轴或三轴压缩试验获取的应力-应变关系曲线能够直接反映岩石在外界荷载作用下从加载至破坏的全过程，是研究岩石变形、强度和破坏特征的重要依据，而根据岩石的应力-应变关系曲线特征，众多学者建立了多种定量评价岩石脆性特征的指标计算方法[161-163]。

考虑到工程岩体开挖所导致的卸载作用使得浅部围岩往往处于峰后破裂阶段，因此本书对锚固体脆性指标的研究主要集中于锚杆对锚固体峰后的脆性指标的影响。在此采用周辉等[161]提出的一种同时定量考虑峰后应力降相对大小和绝对速率的脆性指标 B_b 对锚固体峰后脆性特征的影响进行分析。

$$B_b = B' \cdot B'' \tag{3-3}$$

式中，B' 为应力降相对大小；B'' 为应力降的绝对速率。

首先定义峰后应力降的相对大小 B'：

$$B' = \frac{\sigma_p - \sigma_{pr}}{\sigma_p} \tag{3-4}$$

式中，σ_p 为峰值强度；σ_{pr} 为初次峰值残余强度。

B' 的取值范围为 0～1，当峰值应力与残余应力相同时 B' 取 1，当残余应力为 0 时 B' 取 0。

然后定义峰后应力降的绝对速率 B''：

$$B'' = \frac{\lg |k_{ai}|}{10} \tag{3-5}$$

k_{ai} 的几何意义为从初始屈服点到残余应力起始点连线的斜率，由于该斜率为负值，因此取绝对值。

$$B_b = B'B'' = \frac{\sigma_p - \sigma_{pr}}{\sigma} \frac{\lg |k_{ac}|}{10} \tag{3-6}$$

式中，B_b 取值范围为 0～1。

B_b值越大，脆性越高。

根据上节对于含节理组锚固体的应力-应变关系曲线形态的研究可知：加锚试件的峰后曲线多呈非线性变化，因此有必要对脆性指数 B_b 具体计算过程中各类型曲线的峰值强度、残余强度和峰后应力降绝对速率的选取进行定义。因此，对 5 种典型锚固体峰后曲线类型进行介绍，如图 3-18 所示。对于峰后曲线类型Ⅰ和类型Ⅱ，锚固体强度达到峰值后经直线或阶梯形跌落后会出现一个相对稳定的屈服应力平台，随着荷载的继续施加，该应力平台在后期曲线会逐渐上升或下降，对于该类曲线，残余强度选取应力刚降至屈服平台的 c 点处应力值 $\sigma_{pr-I(II)}$，如图 3-18 中 c 点所示；对于曲线类型Ⅲ，锚固体应力-应变关系曲线在峰后跌至拐点 b 时，端锚锚杆抗剪作用开始显现，应力-应变关系曲线由下降转为上升趋势并进入应变硬化阶段，对于这种含拐点的曲线形式，选取拐点 b 所对应的应力值 σ_{pr-III} 作为初次峰后残余强度；对于曲线类型Ⅳ，锚固体峰值过后，应力-应变曲线呈阶梯形跌至应力平台，该类曲线取刚降低至残余稳定状态的起始点 d 点的应力值 σ_{pr-IV} 作为初次峰后残余强度；曲线Ⅴ为绝大多数岩石材料在单轴压缩下的应力-应变关系曲线形态，在峰值后会迅速跌落至某一强度值，此种情况 e 点所对应的强度值 σ_{pr-V} 即初次残余强度值。

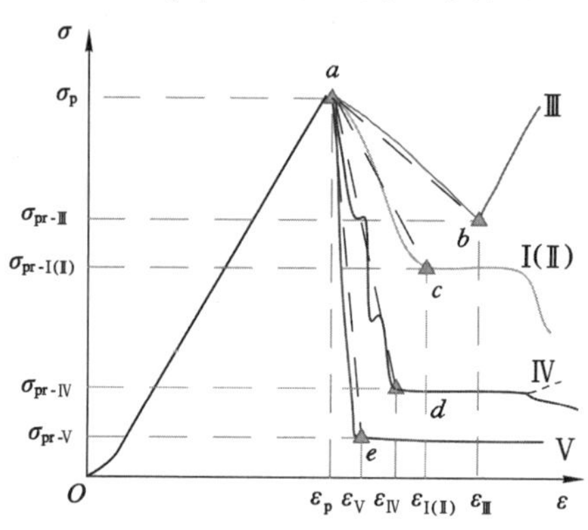

图 3-18 脆性指标计算示意图

采用该指标方法确定了各锚固工况时的锚固体初次峰值强度、初次残余强度及初次峰后应力降绝对速率。计算得到的各工况时试件的初次峰后脆性指数平均值见表 3-5。

表 3-5 不同预应力作用下不同节理组倾角锚固体平均脆性指数

预应力	节理组倾角/(°)						
	0	15	30	45	60	75	90
无锚	0.199 1	0.381 7	0.403 3	0.203 4	0.220 8	0.320 3	0.464 6
0 kN	0.085 9	0.103 1	0.161 6	0.099 0	0.096 9	0.216 3	0.425 2
0.5 kN	0.071 0	0.071 8	0.135 1	0.058 3	0.067 8	0.146 8	0.428 5
1 kN	0.069 2	0.065 7	0.114 1	0.042 0	0.051 7	0.129 4	0.411 4
2 kN	0.063 6	0.059 0	0.046 3	0.009 1	0.047 3	0.107 7	0.432 0

为了便于分析峰后脆性指数与节理组倾角及预应力的关系，将计算结果绘制于图 3-19 中。从图 3-19 可以看出：

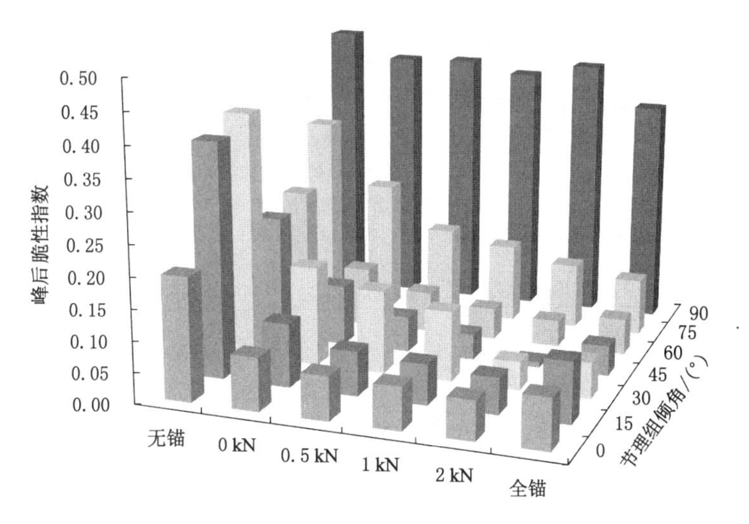

图 3-19　锚固体峰后脆性指数分布柱状图

(1) 各节理组倾角情况下的锚固体脆性指标均低于无锚试件，说明锚杆的施加能够抑制试件的峰后脆性破坏，使锚固体展现出延性破坏特征。

(2) 相同预应力大小作用下的加锚节理组试件的脆性指数同时受节理组倾角和预应力影响，其中最高脆性指数均出现在90°节理组倾角试件中，这是由于该节理组倾角试件破坏模式多呈劈裂脆性破坏，受锚杆影响较小，因此其脆性指数在各节理组倾角中最大；而加锚试件的最低脆性指数出现时的节理组倾角与预应力大小有关，对于无锚和无预应力时0°节理组倾角试件的脆性指数最小，而当锚杆施加预应力后，试件脆性指标最低值出现在45°节理组倾角试件中。

(3) 除节理组倾角 $\alpha=90°$ 锚固体外，同一节理组倾角时，锚固体的峰后脆性指数随着锚杆预应力的增大而减小，说明增大锚杆预应力后试件的峰后脆性逐渐减弱，试件也从脆性破坏逐渐向塑性及延性破坏转变。

(4) 锚杆的施加能够抑制试件的峰后脆性破坏，且随着预应力增大，锚固体峰后脆性指数逐渐降低，如图3-20所示。锚固体的峰后脆性指数对锚杆有无预应力较为敏感。而随着预应力的增大，试件的脆性指数降低系数对预应力大小敏感性又受不同节理组倾角和预应

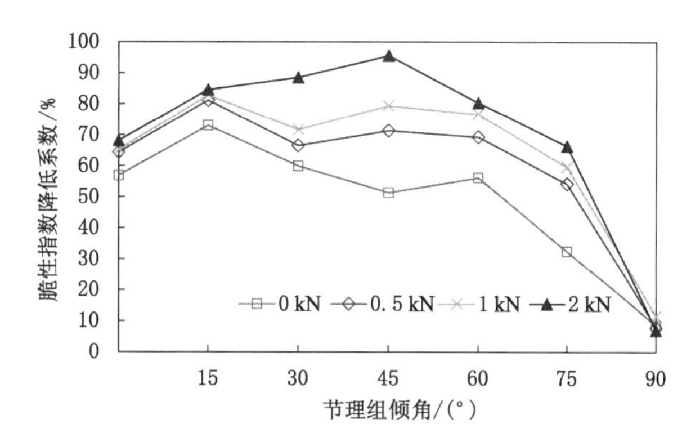

图 3-20　含预应力锚杆锚固体脆性指数降低系数

力双重影响，其中对于小角度（0°和 15°）及大角度（60°和 75°）节理组倾角试件，继续增大预应力，锚固体的峰后脆性指数降低有限；而对于 $\alpha=30°$ 和 $\alpha=45°$ 锚固体，继续提高预应力时，锚固体的峰后脆性指数仍有一定的降低。

3.4 本章小结

本章以含预制断续节理的类岩石试件为研究对象，制作了含不同锚固方式和锚杆预应力的锚固体，并在伺服试验机上进行了单轴压缩试验，围绕锚杆对断续节理岩体力学特性的影响开展研究，获得以下结论：

（1）不同锚固方式对含断续节理岩体的力学特性的影响并不相同，对于锚固体峰前阶段，全长锚固锚杆能显著改善锚固体的力学性质，无论是峰值强度还是弹性模量，均有不同程度的提高；而端锚无预应力锚杆由于低预应力导致的支护滞后性和锚杆孔的弱化作用，其峰值强度和弹性模量较无锚试件基本均有所弱化。两种锚固方式时锚固体的峰后脆性跌落现象均显著改善，部分节理组倾角情况下锚固体承载能力存在峰后强化阶段。

（2）加锚断续节理岩体的应力-应变关系曲线形态主要受不同节理组倾角的影响，根据试验结果，节理岩体锚固试件的应力-应变关系曲线可分为五种类型：① 峰值跌落至屈服平台后应变软化；② 峰值跌落至屈服平台后应变硬化；③ 屈服后应变硬化；④ 阶梯形应变软化；⑤ 单峰值跌落。

（3）在同一节理组倾角情况下，增大锚杆预应力能够提高锚固体的强度和弹性模量，且锚固体的峰后曲线下降幅度逐渐减小，锚固体的峰后力学特征表现出由脆性向延性转变的趋势。部分节理组倾角情况下应力-应变关系曲线在峰后加载过程中出现再次上升趋势，即呈现应变强化特征，且在高预应力作用下，节理组倾角 $\alpha=30°$ 及 $\alpha=45°$ 时锚固体的二次峰值强度高于初次峰值强度。

（4）除节理组倾角 $\alpha=90°$ 锚固体外，加锚试件的脆性指数相较于无锚试件均有大幅降低，且随着预应力的增大，锚固体的脆性指数逐渐降低。锚固体的峰后脆性指数对锚杆有无预应力较敏感；继续增大预应力时，节理组倾角 $\alpha=30°$ 和 $\alpha=45°$ 锚固体的峰后脆性指数仍继续降低，而其他节理组倾角时锚固体的峰后脆性指数降低幅度较小。

第4章　断续节理岩体锚固机理试验研究

锚杆对于锚固体的加固止裂效应已被众多现场工程和室内试验所证实。第3章的相关研究表明：不同加锚工况下锚固体力学行为有着明显差异，而锚固体力学性质的差异主要取决于锚杆对含断续节理岩体破裂损伤行为的影响，即锚固机理不同。由于锚固体往往包含岩石、锚杆构件、锚固剂等多种材料，其力学作用机制极其复杂，尤其是岩体中含有断续节理组时。目前对于锚固体的试验研究主要是在宏观尺度上通过对破坏后试件表面的裂纹形态描述来分析锚杆的加固止裂效应，而在细观尺度上对锚固体加载过程中的裂纹演化过程的研究还不够系统和深入。加上锚杆作为一种安置在岩体内部的构件，其对围岩的裂纹演化控制是一种比较隐蔽的过程，同时预应力的施加造成锚杆附近形成一个附加应力压缩区，锚固体内裂纹扩展机制由平面转向三维变得更复杂，而对锚固体内部的破裂形态的研究目前还鲜有报道。因此，为了深入研究含断续节理组岩体的锚固机制，本章主要结合数字散斑技术、声发射监测及X射线CT扫描等技术，从宏细观角度对锚固体的表面应变场演化规律、预应力锚杆的轴力演化规律、声发射特征以及加载后锚固体内部的裂纹分布进行研究[165]。

4.1　断续节理锚固体破裂演化特征分析

锚固体的力学行为特征与其加载过程中的破裂演化过程密切相关，本节采用第2章中所使用的数字散斑相关方法（DSCM）对加载过程中锚固体表面的散斑图像进行了实时采集，所得散斑图像经后处理得到锚固体表面的全局应变场演化过程。关于DSCM的相关介绍及试验方法见2.1.3节，此处不再赘述。同时根据加载试验中应力-应变关系曲线的特点、监测的声发射特征及散斑图像数据处理后得到的应变场演化特征，在应力-应变关系曲线上选取了典型时刻进行标记，并给出标记点处试件表面相应的全局应变场图像。

4.1.1　节理组倾角对断续节理锚固体声发射及应变场演化特征的影响

图4-1为锚杆预紧力为2.0 kN时不同节理组倾角时的断续节理锚固试件声发射特征及应变场演化情况。由图4-1中应力-时间关系曲线可以看出：节理组倾角对锚固节理岩样的力学响应有显著影响。此外，前期研究[30]表明节理岩石试件力学行为的差异与断裂演化过程密切相关。在此，本节以节理组倾角$\alpha=0°$、$\alpha=30°$、$\alpha=60°$和$\alpha=90°$的试件为例，分析节理组倾角对非贯通节理岩石声发射和裂纹演化行为的影响。

图4-1(a)为节理组倾角$\alpha=0°$锚固节理试件的声发射特征，对应的应变场演变过程如图4-2(a)所示。由图4-1可以看出：随着轴向应力的逐渐增大，在以下两个位置开始形成高应变集中区。第1个位置是应变集中带开始在节理②和节理⑦的中部产生（见b点的应变

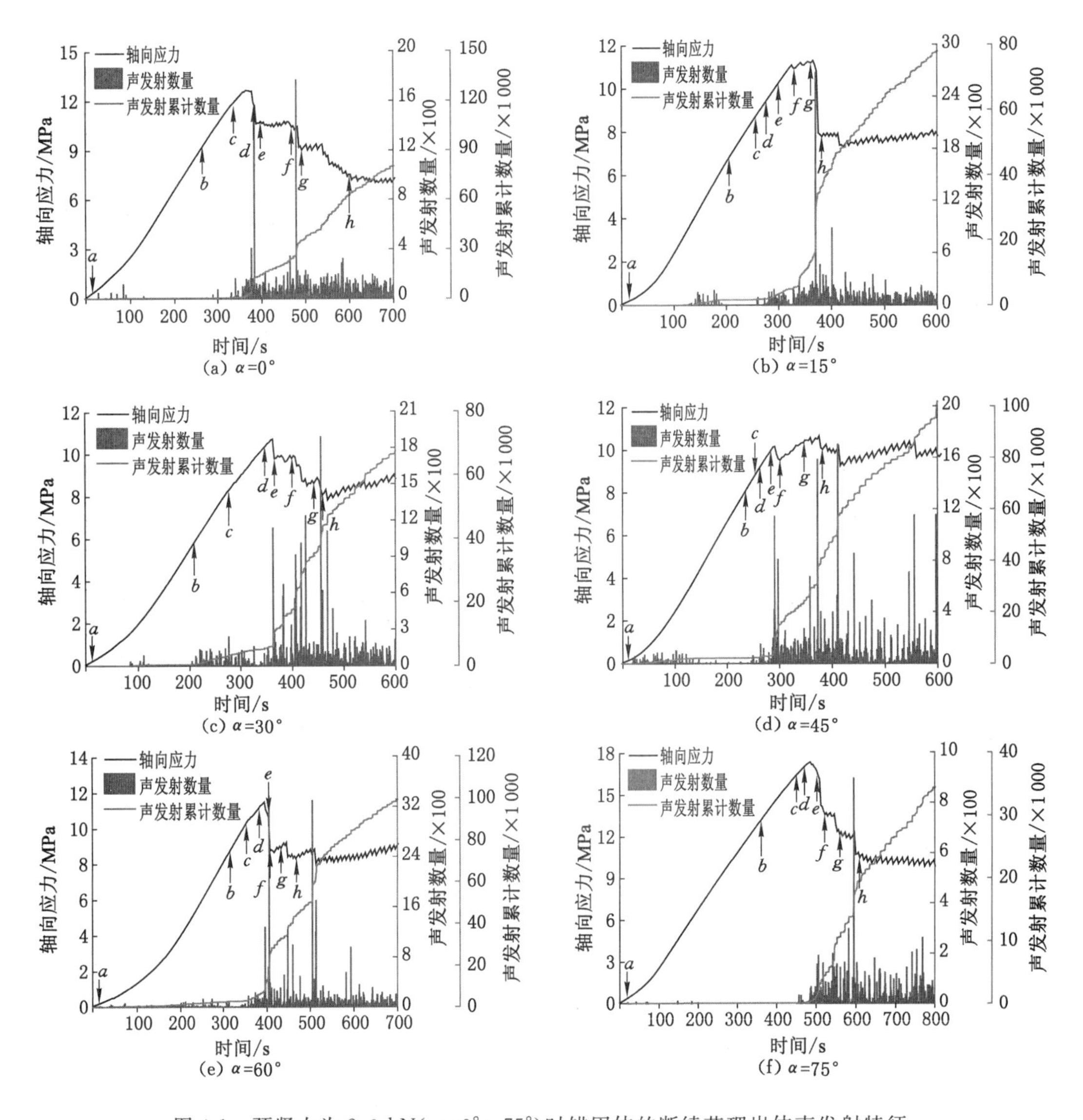

图 4-1　预紧力为 2.0 kN(α=0°～75°)时锚固体的断续节理岩体声发射特征

场),并沿加载方向向试件上下两端扩展(见 c 点的应变场)。这是因为 0°张开型节理在压应力作用下表面容易引起拉应力[9]。第 2 个位置是节理②和节理⑦之间的岩桥区贯通的压剪裂纹。在加载过程中,由于在左侧节理周围材料中首先出现裂纹萌生现象,且继续增大的应力容易超过裂纹继续扩展所需的阈值,故应变集中区首先从左侧开始扩展。随着轴向应力的增大,当试件加载到 d 点时,轴向应力约为 11.93 MPa,接近峰值强度。在节理⑦的左侧裂纹尖端也产生了一个应变集中带,沿轴向应力方向向试件的左边界扩展,由节理左侧裂纹尖端的二次拉伸裂纹的萌生和扩展引起的裂纹破坏了试件的承载结构,同时伴随着明显的声发射现象。随着加载的进行,轴向应力开始下降而轴向变形不断增大,但是拉伸裂纹扩展长度受锚杆的约束作用而被明显抑制,同时原张开型节理逐渐闭合,此时锚固体仍然有一定的承载力。随后,试件右侧也产生了与左侧(从 e 点到 g 点)相类似的应变场演化过程,锚固体承载力逐渐降低，直至残余强度。与未使用锚杆[26]的节理试件峰后脆性应力跌落相比，锚固节理试件在整个断裂过程中的应力曲线下降相对缓慢。

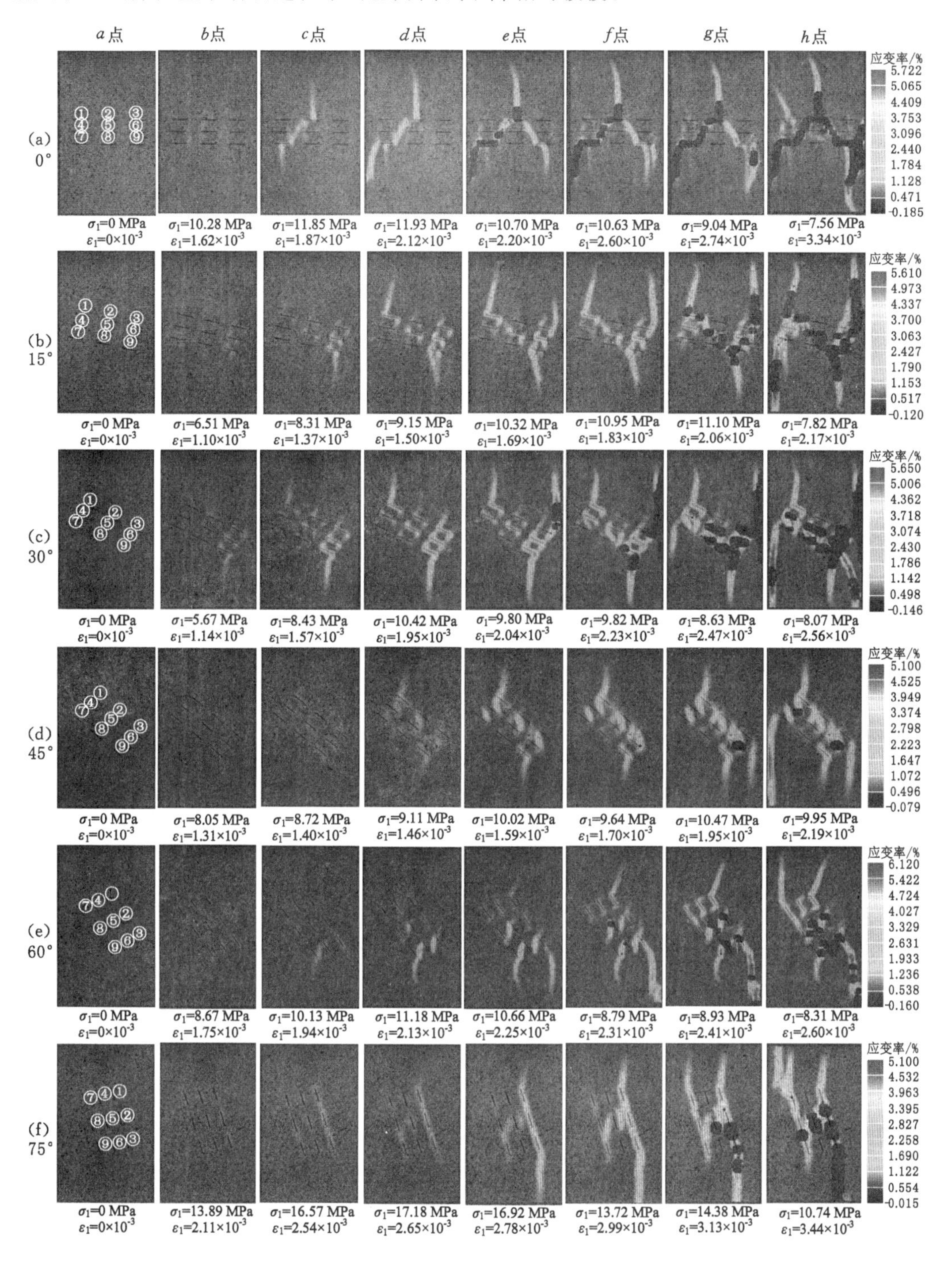

图 4-2　预紧力为 2.0 kN($\alpha=0°\sim75°$)时锚固体的应变场随时间演变过程

图 4-1(c)为节理组倾角 $\alpha=30°$ 时锚固节理岩样的声发射特征，对应的应变场演变如

图 4-2(c)所示。随着轴向变形的增大，轴向应力逐渐增大。试件加载到 b 点时，轴向应力为 5.67 MPa，轴向应变为 1.14×10^{-3}。应变集中区首先出现在节理③、⑥和⑨的尖端。当试件加载到 c 点($\sigma_1=8.43$ MPa，$\varepsilon_1=1.57\times10^{-3}$)时，节理⑨右端的应变集中带开始沿轴向应力方向向试件底部边界延伸。需要注意的是：节理⑨右端裂纹扩展速度大于节理③左端裂纹扩展速度，同时在其他节理尖端也开始出现应变集中区。当应力加载到 d 点($\sigma_1=10.42$ MPa，$\varepsilon_1=1.95\times10^{-3}$)时，拉伸裂纹从节理①和⑨的尖端开始沿轴向应力方向向试件侧面扩展。轴向变形的继续增大导致试件加载至峰值强度时节理③右端迅速产生一条大的拉伸裂纹并向试件上端面扩展(标识点 e)，导致轴向应力迅速减小，并伴有明显的声发射事件。但是由于锚杆对试件侧向变形的约束作用，拉伸裂纹的扩展受到抑制。从 e 点到 f 点的变形过程中，尽管轴向应力基本不变，但是在节理组岩桥区域开始出现非共面次生裂纹，这一点也被明显的声发射现象所证实。当轴向应力从标识点 e($\sigma_1=9.80$ MPa，$\varepsilon_1=2.04\times10^{-3}$)降低到标识点 g($\sigma_1=8.63$ MPa，$\varepsilon_1=2.47\times10^{-3}$)时，一个反拉伸翼裂纹开始从节理⑦左尖端沿轴向应力的方向扩展直到试件底部边界。在标识点 g 点到 h 点的变形过程中，次生拉伸翼裂纹从节理⑨右尖端萌生，并沿加载应力方向向试件底部边界扩展，伴随着明显的声发射，随后锚固试件进入残余强度阶段。

图 4-1(e)为节理组倾角 $\alpha=60^\circ$ 时锚固节理试件的声发射特征，对应的应变场演变如图 4-2(e)所示。$\alpha=60^\circ$ 试件的应变场演变与节理组倾角较小的试件类似。由图 4-1(e)可以看出：当试件加载到 b 点($\sigma_1=8.67$ MPa，$\varepsilon_1=1.75\times10^{-3}$)时，首先在下部节理的右端，即节理③、⑥和⑨处出现应变集中区。然而在弹性变形阶段声发射事件较少，试件中没有产生明显的宏观裂纹。当轴向应力增大到 10.13 MPa(c 点)时，节理⑨的右尖端形成向上应变集中带和向下应变集中带，同时累计声发射计数略有增加。随着试件轴向变形的继续增大，轴向应力进入非线性变形阶段。当轴向应力达到接近峰值强度的 d 点($\sigma_1=11.18$ MPa，$\varepsilon_1=2.13\times10^{-3}$)时，节理③左端和节理⑥右端，以及节理⑥左端和节理⑨右端之间有 2 条应变集中带贯通。此外，在节理⑤的左端出现了较小的应变集中带。达到峰值强度后，轴向应力开始降低。当轴向应力达到 e 点($\sigma_1=10.66$ MPa，$\varepsilon_1=2.25\times10^{-3}$)时，从节理③的右端开始出现沿加载方向的明显应变集中带，从节理①的左端开始出现较小的应变集中带，此时出现最大声发射计数现象。随后，轴向变形继续增大而轴向应力不断减小。当轴向应力降至 f 点($\sigma_1=8.79$ MPa，$\varepsilon_1=2.31\times10^{-3}$)时，节理③右端形成宏观裂纹，节理②左端与节理⑤右端之间出现应变集中带贯通，此时的声发射计数也较高。f 点之后，轴向应力保持相对恒定，而裂纹的萌生和扩展使轴向应力曲线产生较小的波动。从 g 点($\sigma_1=8.93$ MPa，$\varepsilon_1=2.41\times10^{-3}$)和 h 点($\sigma_1=8.81$ MPa，$\varepsilon_1=2.60\times10^{-3}$)可以观察到许多宏观裂纹。但是由于受到锚杆的约束作用，试件仍具有一定的承载能力。

图 4-3 为节理组倾角 $\alpha=90^\circ$ 时加锚断续节理岩体的声发射特征和应变场演变过程。与上述节理组倾角较小的试件相比，其应变场和声发射特征的整体演变情况有所不同。在峰前阶段，在预制节理附近几乎看不到应变集中区。当试件加载到接近峰值强度的 b 点($\sigma_1=23.32$ MPa，$\varepsilon_1=3.58\times10^{-3}$)时，在节理①、⑦和⑧的尖端处出现了一些不明显的应变集中区。在达到峰值强度之前，试件中未出现明显的声发射事件。达到峰值强度之后，轴向应力降低过程中声发射事件最活跃。当轴向应力降低到 c 点($\sigma_1=7.03$ MPa，$\varepsilon_1=3.64\times10^{-3}$)时，试件发生轴向劈裂破坏，且破坏模式与未加锚杆的无锚试件相似。从破裂过程和应变场

演化可以得出锚杆对 $\alpha=90^{\circ}$ 节理试件的影响不明显。

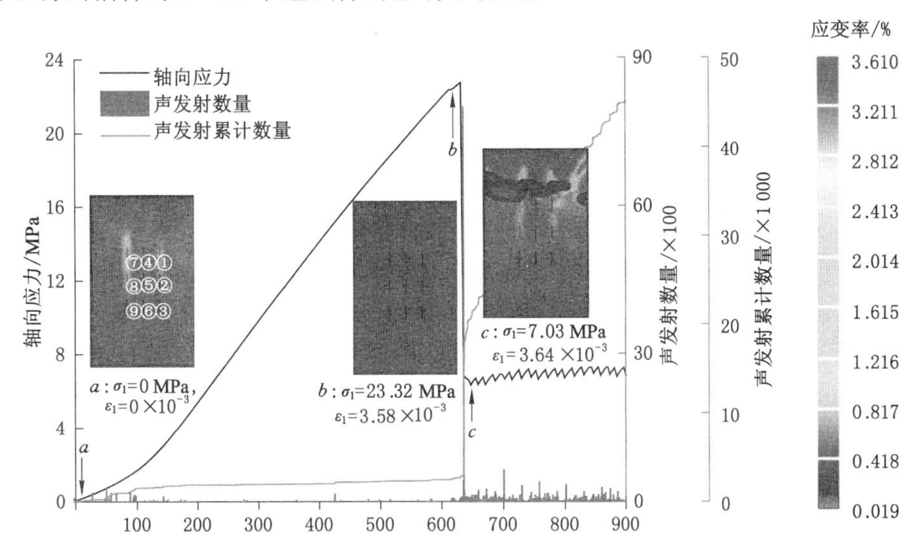

图 4-3　预紧力为 2.0 kN($\alpha=90^{\circ}$)时锚固体的声发射及应变场随时间演变规律

4.1.2　锚固方式对断续节理岩体声发射及应变场演化特征的影响

本节选取节理组角度为 45°的试件研究锚固方式对节理试件声发射特征及应变场演化规律的影响，如图 4-4 和图 4-5 所示。试件为端锚不同预紧力(0 kN、0.5 kN、1.0 kN)及全长锚固作用下的锚固节理岩体试件。需要注意的是，预紧力为 2.0 kN 时，节理试件的声发射特征及应变场演变规律如图 4-1(d)和图 4-2(d)所示。由图 4-1(d)、图 4-2(d)、图 4-4 和图 4-5可以看出：锚固方式对应变场和声发射特征的影响显著。为此，本部分详细分析了锚固方式对应变场和声发射特征的影响。但是对于其详细演变过程，本部分将不予进一步分析。

对于锚固前后节理试件的应变场，在荷载作用下，由于应力集中，应变集中区首先出现在节理附近，特别是断续节理尖端。一般情况下，无论采用何种锚固方式，当节理角度为 45°时，第一个应变集中区均出现在节理①左尖端或节理⑨右尖端处。对于无锚断续节理试件，在加载过程中拉伸翼裂纹不断萌生、扩展和贯通，直至达到峰值强度。而对于具有不同预紧力的锚固断续节理试件，由于锚杆对试件的侧向约束作用，节理尖端张拉翼裂纹的萌生和扩展受到抑制。因此，锚固效应对节理试件的应变场有明显影响。在较低预紧力(0 kN 和 0.5 kN)作用下，节理①、②、③、④、⑤、⑥和⑨的尖端在达到峰值强度前均出现了应变集中带。而在全长锚固条件下，仅在节理①、⑥、⑨处出现应变集中带。

预紧力锚固对断续节理试件应力分布的影响主要体现在两个方面。一方面，锚固改变了预制节理尖端的应力集中情况。例如，预紧力为 1.0 kN 及全长锚固时，节理⑦附近未出现应变集中现象。初始施加的预紧力和锚固试件变形引起的锚杆轴向应力增量可以抑制节理附近的应力集中。另一方面，锚固改变了受载试件中主应力的方向，进而影响裂纹的扩展路径。以翼裂纹为例，随着预紧力的增大，从节理①和⑨处产生的裂纹并没有立即向加载方向转变，而是垂直于节理方向扩展。

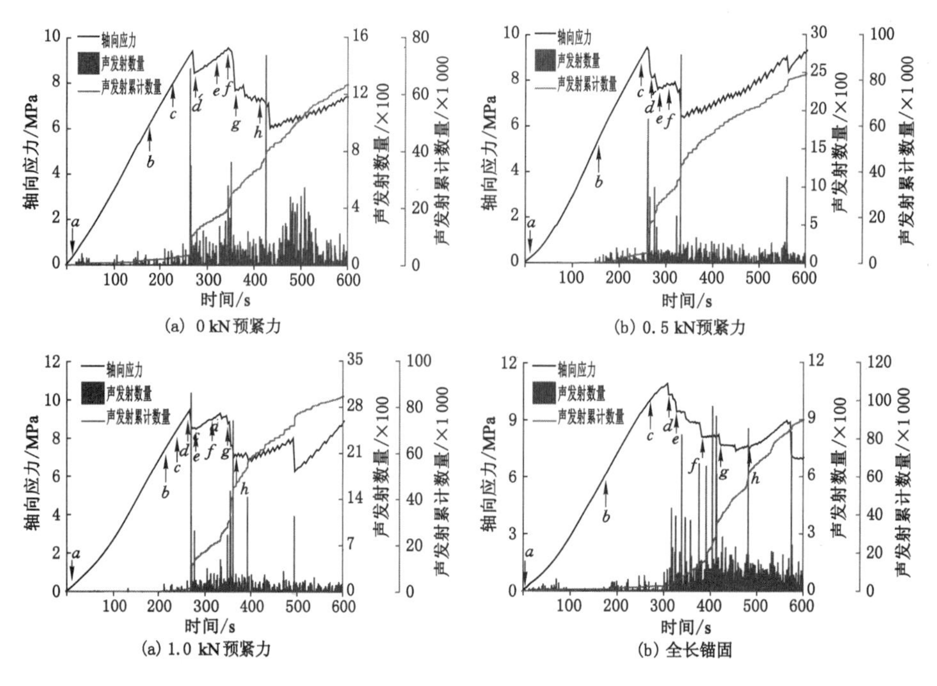

图 4-4　不同锚固方式时 $\alpha=45°$时断续节理锚固体声发射特征

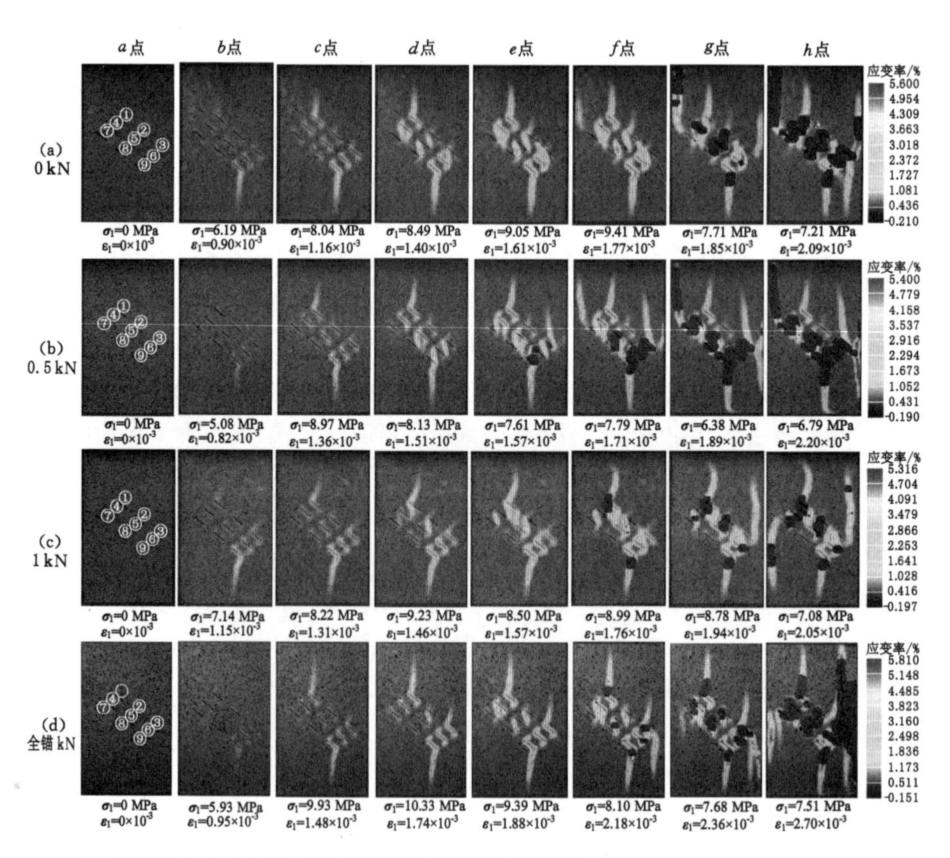

图 4-5　不同锚固方式时节理组倾角 $\alpha=45°$时锚固体的应变场随时间演变过程

锚固节理试件的声发射特征在不同应力阶段也有所区别。在低应力水平下，应力-时间关系曲线存在一个初始变形阶段，即轴向应力随试验时间非线性增大，此时原始微裂纹和孔洞闭合，几乎没有声发射事件出现。这一阶段部分试件的声发射计数主要是由试件端部与加载板摩擦所引起的。在峰值强度前的弹塑性变形阶段，可以记录一些声发射事件。然而，峰值强度前的声发射计数较低，因为裂纹的萌生和扩展较少。试件加载至峰后阶段时，裂纹的萌生和扩展现象更频繁，导致声发射计数出现多次突变。峰后阶段声发射事件数量远高于峰前阶段。与未加锚杆试件相比，由于锚杆的约束，试件峰后阶段声发射事件更活跃。但预紧力对节理锚固体的声发射规律整体影响并不明显。

4.1.3　锚杆对节理岩体破裂演化的影响机制

基于以上对不同锚杆预应力作用下节理试件的应变场演变的分析可以看出：锚杆对含断续节理组试件的应变场演变影响具有阶段性。在锚固岩体加载的初始阶段，试件表面应变场从均匀分布逐渐演化为覆盖于预制节理周边的高应变区，这是由于此阶段荷载较小，加上岩体自身具有一定承载能力，锚杆未能发挥锚固作用，锚固体表面的应变场集中区的分布范围仍由预制节理控制，受锚杆影响不大。

随着荷载的持续增大，节理周边应变集中程度逐渐增大，以节理尖端集中程度最高（除0°及90°节理组倾角外），此时应变局部化带的扩展路径已经预示宏观裂纹的萌生和扩展路径。当荷载增大至预制节理起裂和扩展阈值时，应变集中带将转化为裂纹并从节理尖端沿最大主应力方向不断扩展延伸。与无锚试件应变集中带从节理尖端萌生后迅速发生偏转并沿加载方向（即主应力方向）继续扩展所不同，加锚试件的应变集中带扩展路径随着锚杆预应力的提高逐渐改变，具体表现为应变集中带萌生后将继续沿裂纹起裂方向（节理法向）扩展一定距离（该距离受预应力大小控制），之后才向加载方向偏转。这主要是由于锚杆预应力引起试件的侧压升高，在轴向应力和侧压作用下，试件内部的应力状态发生变化，进而影响裂纹的萌生位置和扩展路径。

锚杆的施加不仅影响应变局部化带的萌生位置及扩展路径，还改变了节理间应变局部化带的搭接贯通模式。受不同节理组倾角的影响，锚杆对节理间岩桥区的裂纹搭接和贯通模式的影响有所不同。对于小角度节理组倾角（$\alpha<45°$）的无锚试件来说，由于岩桥倾角较小，因此在较低应力状态下翼裂纹会萌生及扩展，节理间的裂纹搭接模式以节理尖端沿节理法向上的翼裂纹扩展贯通为主，进而在岩桥内切割出新生块体，第2章的分析表明新生块体的转动破坏极易造成试件失稳破坏。由于锚杆对试件水平方向位移的限制，随着预应力的不断增大，拉伸翼裂纹的扩展受限明显。图4-6所示为锚杆预应力对$\alpha=15°$试件的应变集中带融合模式的影响。可以看出：锚杆作用下，一方面拉伸翼裂纹的数量大幅降低，具体体现在高预应力作用下部分加锚节理组试件的预制节理尖端的应变集中现象得到改善，因此拉伸翼裂纹的萌生和扩展现象有所减少；另一方面岩桥内翼裂纹扩展所引起的贯通现象明显减少，取而代之的是反次生裂纹和非共面次生裂纹搭接数量的增大，由拉伸翼裂纹贯通所切割出的新生块体数量明显减少。

在节理组倾角大于45°的无锚试件中，由于节理组倾角较大，翼裂纹起裂困难，因此峰值前应变局部化带的搭接主要出现在沿节理组倾角的岩桥内，并逐渐深化成为节理间的剪切裂纹贯通模式。图4-7所示为不同锚固工况时$\alpha=75°$试件表面的应变局部化带的贯通模

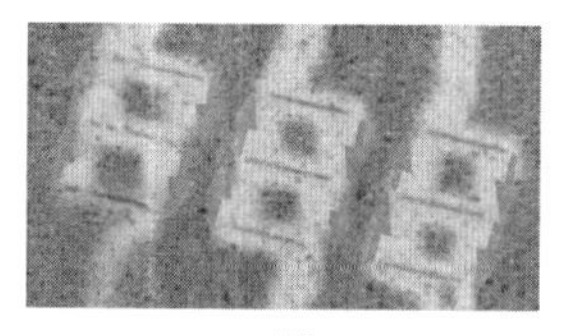
(a) 无锚

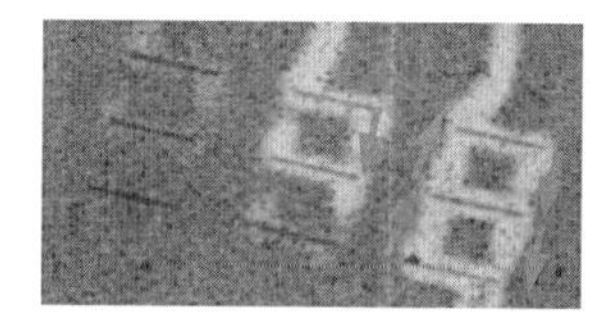
(b) 0 kN锚杆预应力

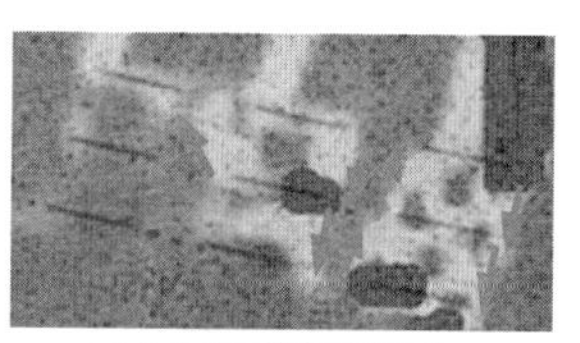
(c) 0.5 kN锚杆预应力

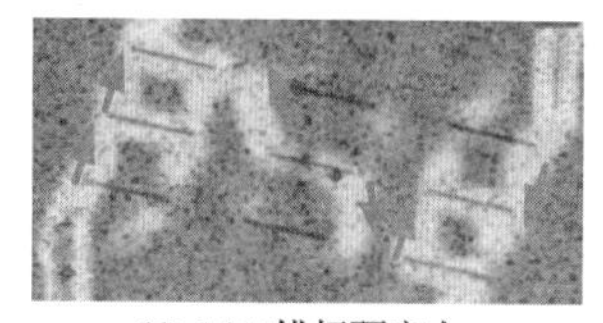
(d) 1 kN锚杆预应力

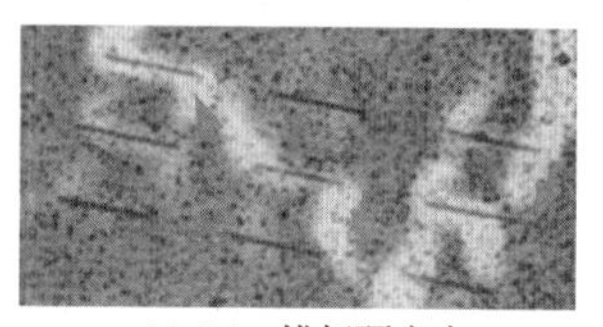
(e) 2 kN锚杆预应力

图 4-6　锚杆预应力对 $\alpha=15°$试件应变集中带融合模式的影响

式，对比发现锚杆对大角度节理组倾向上剪切裂纹搭接的影响包括两个方面：(1) 锚杆抑制了节理组内的剪切裂纹搭接数量，节理组倾向上剪切裂纹贯通数量随预应力增大而逐渐减小；(2) 锚杆有效控制了剪切裂纹的扩展速度和传播范围，剪切裂纹不再扩展至两端面形成贯穿破裂面，进而降低了试件沿预制节理面发生块体滑移破坏的可能性。

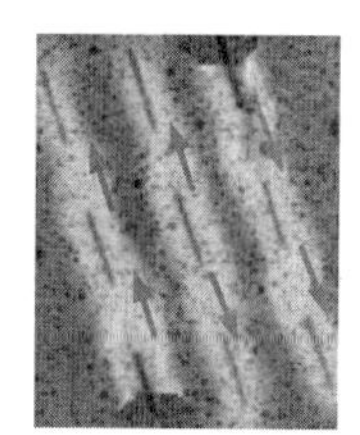
(a) 无锚

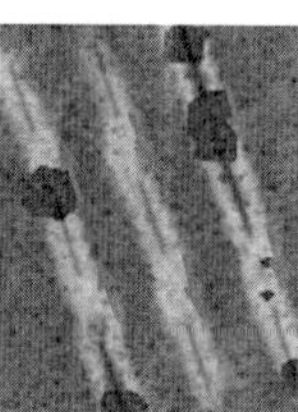
(b) 0 kN锚杆预应力

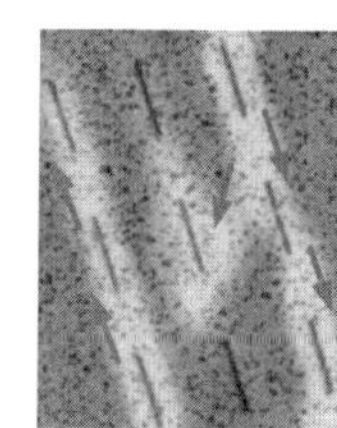
(c) 0.5 kN锚杆预应力

(d) 1 kN锚杆预应力

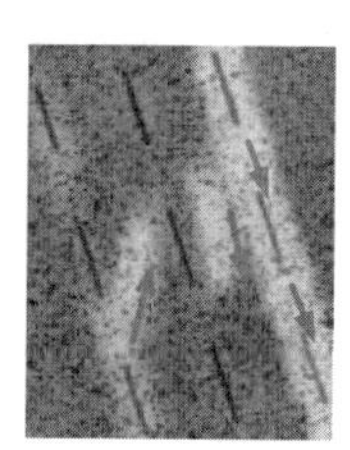
(e) 2 kN锚杆预应力

图 4-7　锚杆对 $\alpha=75°$试件应变集中带融合模式的影响

综合以上对不同节理组倾角及锚固方式时节理岩体的破裂演化规律分析，可以推断单轴压缩条件下预制节理组与锚杆预应力共同控制着锚固体压缩破坏过程中裂隙的形成。预制节理弱化了试件的强度，增强了试件的变形能力；锚杆的施加强化了试件的峰后强度，弱化了试件力学性能。随着预应力变化，二者对裂纹形成的主导能力此消彼长。无预应力时，裂纹的形成由预制节理组主导；低预应力时，裂隙形成由节理组和锚杆的约束作用共同主导；高预应力时，裂隙的形成由预应力锚杆的约束作用主导。锚固体最终破坏模式也随着预应力的增大逐渐由拉破坏为主向剪切破坏为主转变，锚固体的整体性逐渐增强。

4.1.4　锚固体最终破裂模式

表 4-1 为加锚试件的背面破裂模式及素描图。为了更直观地分析节理间的裂纹贯通模式，将节理区域放大，并按照 2.4.1 节中的裂纹扩展及搭接模式对裂纹进行标注分类。通过与无锚试件的破裂模式对比可知：节理组倾角仍然对试件的最终破裂形式起决定性作用。随着预应力的增大，除 $\alpha=90°$试件完全表现为侧向劈裂破坏外，其余节理组倾角时的锚固体破裂区逐渐集中在节理区域内的岩桥部分。从最终的破裂模式来看，正面破裂模式逐渐由节理间裂纹贯通主导向局部材料破坏转变，且预应力越高这种趋势越明显。

表 4-1　锚固体破裂模式素描图

α	0 kN 预应力	0.5 kN 预应力	1 kN 预应力	2 kN 预应力
0°	T_w T_w T_w T_s S_p T_w T_w T_w S_p T_w F Ⅵ Ⅱ Ⅵ Ⅵ Ⅱ Ⅱ Ⅶ Ⅵ Ⅵ	T_w T_w T_w T_w T_w T_w F S_p Ⅺ Ⅵ Ⅵ Ⅲ Ⅵ	T_s T_w T_w T_w T_w T_w T_s S_p Ⅵ Ⅱ Ⅵ Ⅱ T_w Ⅵ S_p Ⅵ	T_w T_w T_w T_w T_s Ⅵ S_p Ⅶ Ⅱ Ⅵ Ⅺ Ⅵ
15°	T_a T_w T_w T_w L_c L_c T_w T_w T_a Ⅵ Ⅵ Ⅴ Ⅱ Ⅱ Ⅵ Ⅵ	T_w T_w T_w T_{as} S_s T_w T_w Ⅵ Ⅵ S_p Ⅰ Ⅵ Ⅱ S_p Ⅵ Ⅵ	T_{as} T_w T_w S_s T_w T_w T_s Ⅵ Ⅵ S_p Ⅵ Ⅱ S_p Ⅵ Ⅵ	S_p T_w T_{as} T_w S_s S_p S_p S_s T_w Ⅵ S_p T_w Ⅵ S_p Ⅶ Ⅶ Ⅵ
30°	T_w T_w S_p T_w T_w T_a Ⅵ Ⅶ Ⅱ Ⅶ S_p S_p Ⅶ Ⅱ Ⅵ Ⅶ Ⅱ Ⅶ S_p Ⅵ	T_w T_a T_w T_a T_w T_a S_p Ⅵ Ⅶ Ⅵ Ⅵ T_w T_w Ⅱ Ⅴ Ⅴ Ⅶ Ⅵ Ⅵ	S_p T_w T_w S_p T_w T_w Ⅵ Ⅶ Ⅱ Ⅶ Ⅱ Ⅵ S_p Ⅶ Ⅱ Ⅶ Ⅶ Ⅵ	F S_p T_w S_p S_p T_w T_a T_s F Ⅵ Ⅶ Ⅵ Ⅵ Ⅵ Ⅱ Ⅶ Ⅶ Ⅰ Ⅱ Ⅱ Ⅶ Ⅶ
45°	F T_w T_w T_w T_w S_m T_w S_p T_w T_s S_p Ⅶ Ⅵ Ⅷ Ⅲ Ⅶ Ⅶ Ⅰ Ⅱ Ⅲ Ⅶ Ⅶ T_w	F T_w T_w T_{as} S_m T_w T_w T_w Ⅵ Ⅶ Ⅵ T_w Ⅶ Ⅱ Ⅰ T_w Ⅲ Ⅶ Ⅶ S_s Ⅻ	T_s T_w T_w T_{as} F T_a F T_w S_m Ⅵ Ⅵ S_p Ⅶ Ⅱ Ⅶ S_p Ⅶ Ⅲ Ⅶ Ⅺ Ⅱ Ⅶ Ⅶ	T_s T_s S_p T_w T_w T_a S_p S_m T_w T_w Ⅰ Ⅱ Ⅶ S_p Ⅶ Ⅵ Ⅱ Ⅶ Ⅱ Ⅶ S_p Ⅶ T_w T_w

表 4-1(续)

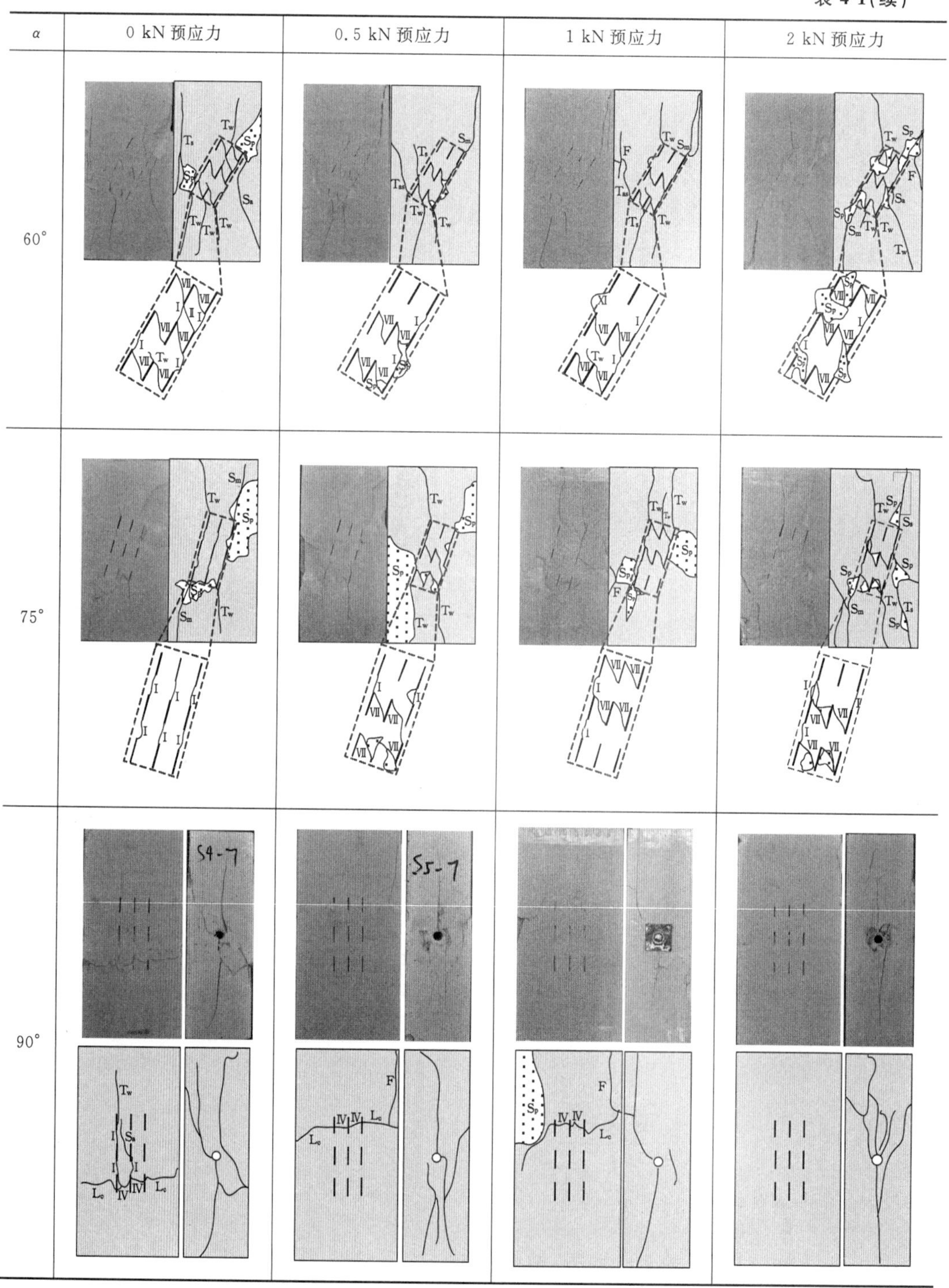

通过对比发现:节理区域外的裂纹扩展模式受锚杆影响的程度与节理组倾角有关,其中锚杆对 $\alpha=15°$ 及 $\alpha=30°$ 试件的影响最明显。相比无锚试件,除了拉伸翼裂纹 T_w 外,试件中还出现了反拉伸次生裂纹 T_{as}、反拉伸翼裂纹 T_a 及次生拉伸裂纹 T_s。节理间的裂纹贯通模

式同样受锚杆预应力的影响，以 $\alpha=30^\circ$ 及 $\alpha=75^\circ$ 两种倾角为例对节理间的裂纹贯通模式进行说明。$\alpha=30^\circ$ 无锚试件的破坏模式以节理区域外侧的拉伸翼裂纹扩展和节理区域内拉裂纹贯通引起的新生块体转动破坏为主。受锚杆的水平约束作用，锚固体中拉裂纹的扩展受到抑制，节理区域内由拉裂纹贯通而产生的新生块体数量也大幅减小，同时新生块体在约束作用下发生Ⅶ型破坏，未发生无锚情况下的转动破坏；甚至在高预应力(2 kN)作用下，节理倾向上会出现剪切Ⅰ型裂纹搭接。

加锚试件节理区域的裂纹贯通模式见表 4-2。

表 4-2　加锚试件节理区域的裂纹贯通模式

α	0 kN 预应力			0.5 kN 预应力			1.0 kN 预应力			2.0 kN 预应力		
	IJ	CJ	NJ	IJ	CJ	NJ	IJ	CJ	NJ	IJ	CJ	NJ
0°	Ⅱ	—	Ⅳ，Ⅵ，Ⅶ	Ⅲ	Ⅺ	Ⅴ，Ⅵ	Ⅱ	—	Ⅵ	Ⅱ	Ⅺ	Ⅵ，
15°	Ⅱ	—	Ⅴ，Ⅵ	Ⅱ	—	Ⅵ	Ⅱ	—	Ⅵ	—	—	Ⅵ，Ⅶ
30°	Ⅱ	—	Ⅵ，Ⅶ	Ⅱ	—	Ⅵ，Ⅶ	Ⅱ	—	Ⅵ，Ⅶ	Ⅱ	Ⅰ	Ⅵ，Ⅷ
45°	Ⅱ，Ⅲ	Ⅰ	Ⅵ，Ⅶ	Ⅱ，Ⅲ，Ⅻ	Ⅰ	Ⅵ，Ⅶ	Ⅱ，Ⅲ	Ⅰ，Ⅺ	Ⅵ，Ⅶ	Ⅱ	Ⅰ	Ⅵ，Ⅶ
60°	Ⅱ	Ⅰ	Ⅶ	—	Ⅰ	Ⅶ	—	Ⅰ，Ⅺ	Ⅶ	—	Ⅰ	Ⅶ
75°	—	Ⅰ	—	Ⅻ	Ⅰ	Ⅶ	—	Ⅰ	Ⅶ	—	Ⅰ	Ⅶ
90°	—	Ⅰ	Ⅳ	—	—	Ⅳ	—	—	Ⅳ	—	—	—

注：表中 IJ 为间隔节理，CJ 为共线相邻节理，NJ 为法向相邻节理，具体位置如图 2-25 所示。

对于 $\alpha=75^\circ$ 加锚试件，从破裂模式可以发现无预应力情况下的破裂模式与无锚试件一致，仍为节理倾向上裂纹搭接所引起的剪切破坏。随着锚杆预应力的增大，节理法向岩桥内的Ⅶ型搭接模式逐渐替代节理倾向岩桥内的Ⅰ型裂纹搭接模式，成为主要的裂纹搭接模式。试件的破坏模式逐渐由剪切滑移破坏向压剪破裂模式转变。

与无锚试件相比，锚固体表面剥落现象明显增多。以 60°节理组试件为例，通过观察发现：节理区域内部的节理倾向上岩桥部位产生剪切裂纹贯通后容易引起试件的表面剥落，如图 4-8 所示。而根据 A. Bobet 等[17]和 C. H. Park 等[141]的描述，表面剥落主要由次生裂纹贯通引起。而在加锚 60°节理组倾角试验中共观察到了 2 种起因造成的表面剥落：(1) 2 kN 预应力锚固时的次生裂纹造成的表面剥落；(2) 0.5 kN 预应力锚固时翼裂纹和次生裂纹共同造成的表面剥落。引起表面片帮机制差别的原因：受高预应力锚杆的水平位移限制，节理

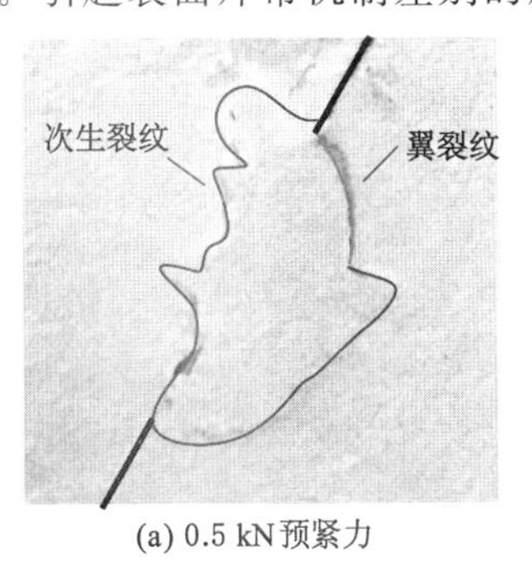

(a) 0.5 kN预紧力

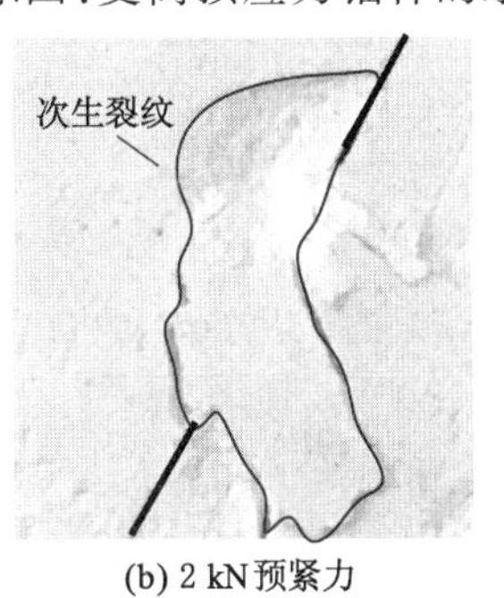

(b) 2 kN预紧力

图 4-8　引起片帮的两种表面裂纹贯通模式

尖端翼裂纹起裂困难，因此片帮现象以次生裂纹贯通引起为主。

4.2 加锚断续节理岩体锚杆受力特征分析

工程围岩内的节理、裂隙、层理等弱面在荷载作用下使裂纹萌生、扩展及贯通是岩体工程变形及破坏的主要诱因。在裂纹扩展过程中产生的非线性体积膨胀和变形使锚杆在轴向上受到张拉，进而对岩体产生反作用力，阻止岩体的变形破坏。因此通过分析加载过程中锚杆的轴力随节理组倾角和预应力大小的变化规律，有助于进一步揭示预应力锚杆对含节理岩体的加固机制。

4.2.1 锚杆轴力演化特征

本次试验中，预应力端锚锚杆采用的是钻取锚杆孔后放入锚杆的锚固方式，而非直接将锚杆浇筑在试件内，因此锚杆与锚杆孔壁之间有一定间隙，只有在试件沿节理发生一定的剪切错动时，锚杆才会起到抗剪作用。在此之前均可认为锚杆产生的是均匀拉伸，并未产生切向抗剪作用，仅发挥轴向加固作用。因此锚杆中部粘贴应变片所监测的应力即杆体所受力，加载过程中不同节理组角度和预应力工况下的锚杆轴力演化规律如表 4-3 及图 4-9 所示。

从锚杆轴力随时间演化图可以看出：除部分加锚试件(例如 $\alpha=90^\circ$试件 1 kN 和 2 kN 预应力工况)在锚固体初始峰值强度后出现锚杆直接失效情况外，其余锚固体中锚杆轴力的变化过程均具有明显的阶段性特征，但是受节理组倾角和预应力大小共同影响，各工况时锚杆轴力的演变特征有所差异。但是结合锚固体的破裂过程来看，锚杆轴力演变过程可以分为四个阶段：峰前缓慢升高阶段、峰值附近快速升高阶段、峰后加速升高阶段以及峰后波动阶段。由于锚杆轴力演变过程与加锚试件的损伤演化过程密切相关，因此这四个阶段分别对应锚固体的峰前损伤积累期、峰值破坏期、峰后承载结构重塑期和峰后失效期。在此以 0.5 kN 预应力 $\alpha=45^\circ$锚固试件为例进行说明，图 4-10 所示为对应的锚杆轴力和试件应力随时间变化曲线。

(1) 锚杆轴力峰前缓慢升高阶段——锚固体峰前损伤积累期

锚杆轴力的初始缓慢升高阶段主要包括加锚试件的初始压缩阶段、线弹性增长阶段及部分非线性增长阶段，该阶段锚固体经历了原生孔隙的闭合、预制节理周边应变局部化的形成和少量裂纹的萌生。此阶段前期由于试件处于均匀压缩状态，无新裂纹萌生及扩展，因此锚杆轴力增大缓慢；当试件中裂纹起裂后，受裂纹扩展和开度增大所引起的扩容变形，后期锚杆轴力增长速度明显加快。此阶段锚固体内损伤不断积累，并在过程中逐渐唤起锚杆的强化作用。

(2) 轴力峰值附近快速升高阶段——锚固体峰值破坏期

随着荷载增大至峰值附近，新裂纹在此阶段快速萌生、扩展及搭接，并对试件本身承载结构造成损伤，若无支护，试件会在峰值强度后失稳破坏。但是受锚杆的约束强化作用，试件中裂纹扩展和搭接所引起的破碎扩容变形迅速调动锚杆的轴向限制作用，并对锚固体的承载能力起到了补偿作用，此阶段锚杆轴力提高幅度最大，称为锚杆轴力的快速升高阶段。

(3) 轴力峰后加速升高阶段——锚固体峰后承载结构重塑期

随后加锚试件进入峰后承载结构重构阶段，由于试件破坏时产生大量宏观裂纹，试件的

表 4-3　锚杆轴力演变规律($\alpha=0°\sim75°$)

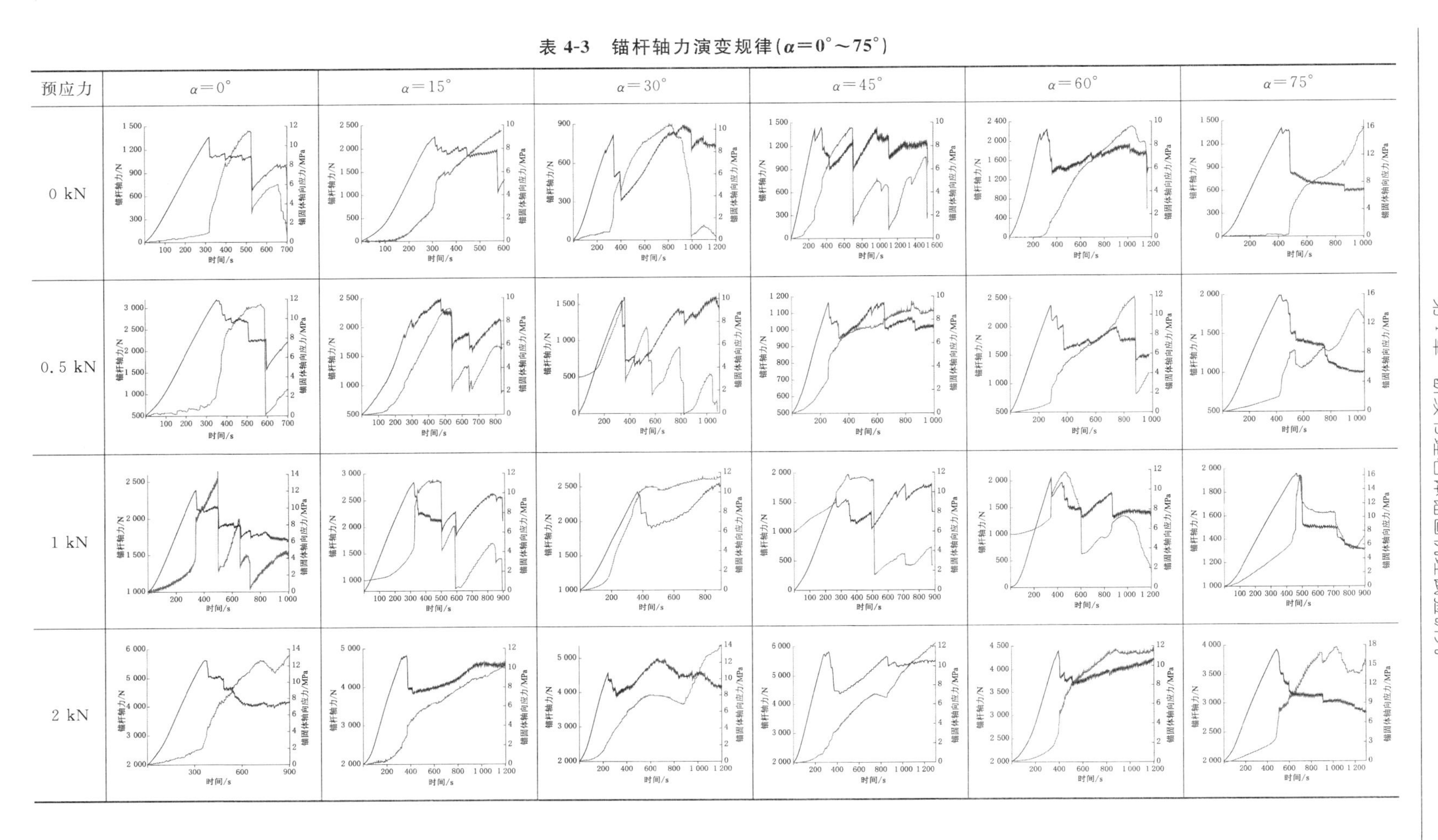

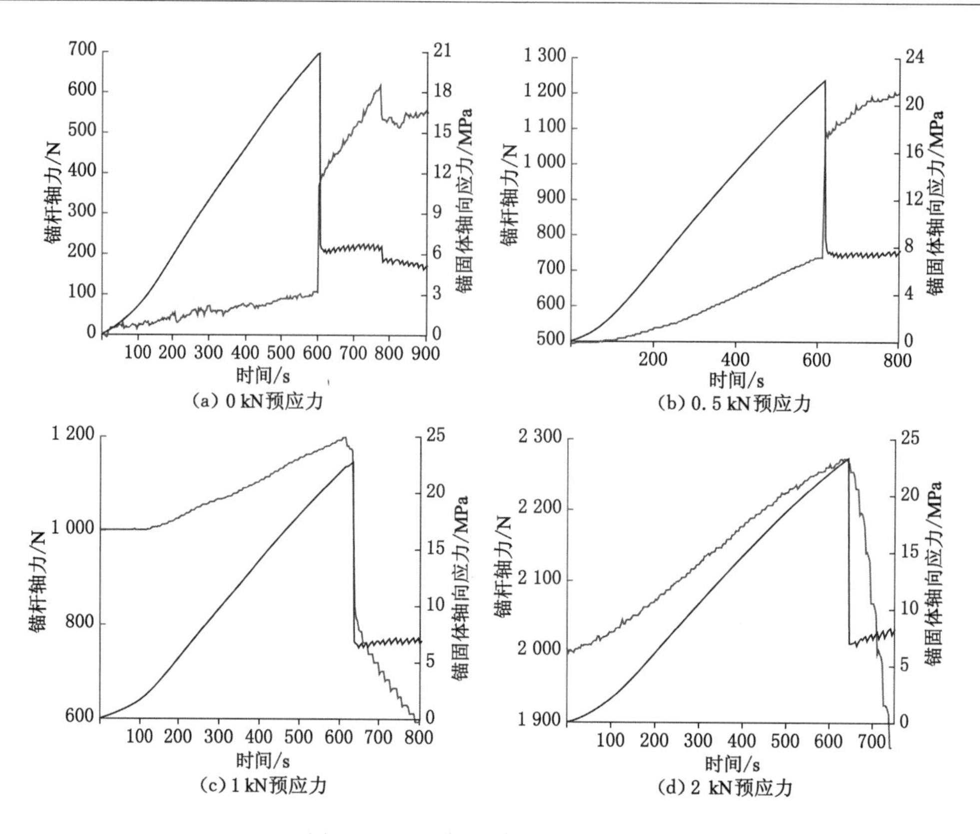

图 4-9 $\alpha=90°$锚固体轴力演变曲线

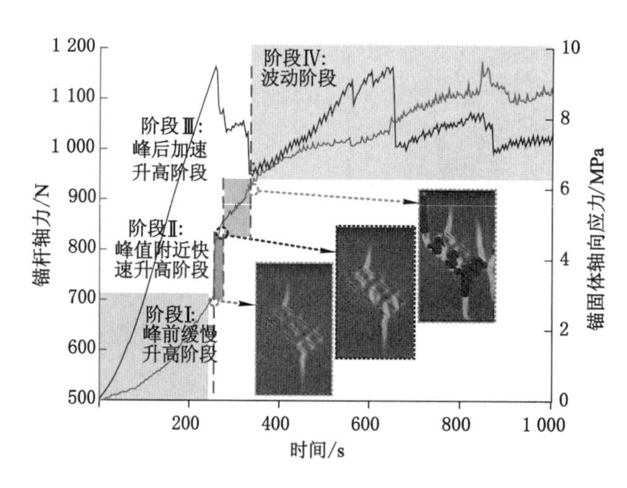

图 4-10 锚杆轴力随时间变化曲线(节理组倾角为 45°,预应力为 0.5 kN)

承载能力明显下降,但是由于锚杆轴力迅速增大,破裂的围岩在锚杆的约束作用下挤压在一起形成新的承载结构,并与锚杆共同承受垂直方向的荷载,此阶段称为锚杆轴力的加速提高阶段。

(4) 轴力峰后波动阶段——锚固体峰后失效阶段

随着荷载的继续增大,受不同锚固体破裂过程的影响,锚杆轴力后期的变化更复杂。峰后阶段,部分试件的锚杆轴力产生较大波动,分析该现象的主要原因包括两个方面:一方面是在加载过程中试件中出现剪切滑移或孔壁压缩，造成杆体与锚杆孔壁接触，此时锚杆抗剪能力发挥作用，剪切产生的弯矩引起杆体应力状态改变，进而引起轴力波动；另一方面是部分试件在加载过程中锚杆托盘附近岩体出现破裂，引起托盘与岩体接触面积变化，在调整过程中同样会造成锚杆轴力波动。而随着锚杆与破碎围岩所组成的复合承载结构重新形成，锚杆的轴向约束作用再次加强，降低后的锚杆轴力可能会再次提高，因此该阶段称为锚杆轴力波动阶段。而在加载后期锚杆轴力逐渐降低，这是由于试件受锚杆在水平方向上的位移限制，加上锚杆孔对试件侧面起劣化作用，因此锚固体前后表面在压力作用下鼓出，岩体内水平方向挤压力的释放会引起锚杆轴力逐渐下降。

4.2.2　锚杆轴力增阻速度与节理组倾角和预应力的关系

对于含不同节理组倾角的加锚节理试件来说，由于试件在加载过程中裂纹的萌生、扩展及贯通模式上的差异所引起的锚固体变形特征并不相同，进而导致不同节理组倾角锚固体中锚杆的增阻速度(轴力的增大速度)并不相同。为了进一步分析预制节理组倾角对加锚试件锚杆轴力演化特征的影响，图 4-11 给出了不同预应力作用下加锚试件锚杆初次峰值前的增阻速度与节理组倾角之间的关系。虽然不同预应力锚杆作用下同一节理组倾角加锚试件的锚杆的增阻速度并不相同，但整体来看，相同预应力工况时随着节理组角度的增大，锚杆的增阻速度呈现先增大后减小的变化趋势，其中 30°节理组倾角时锚杆的增阻速度最大；而在较小节理组倾角(0°～30°)情况下，锚杆的增阻速度大于较大节理组倾角(60°～90°)。

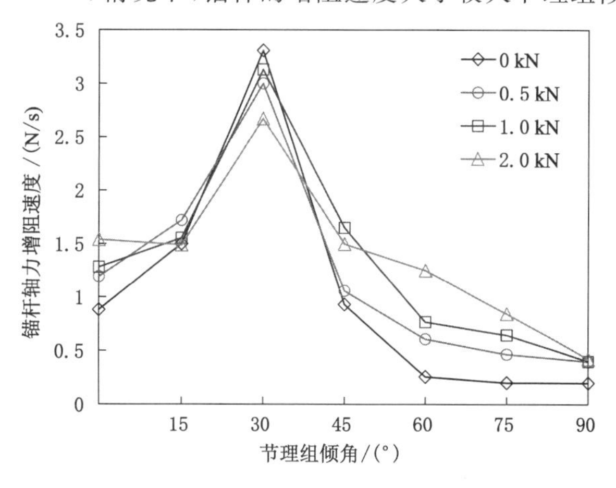

图 4-11　锚杆轴力增阻速度与节理组倾角关系曲线

结合试件的破裂过程分析，造成该现象的主要原因是不同倾角节理组在峰前的裂纹起裂模式不同。对于小倾角节理组试件，拉伸翼裂纹更容易出现，而翼裂纹在扩展中开度的增大是试件水平方向变形的主要原因，由于锚杆限制试件水平变形的产生，造成锚杆轴力增大[图 4-12(a)]；而在较大的节理组倾角情况下，由于加载主应力方向与翼裂纹之间角度变大，翼裂纹起裂困难，试件峰前裂纹的起裂模式主要以少量剪切裂纹(60°和 75°)为主或无裂纹起裂(90°)，因此试件的水平变形有限，并造成锚杆轴力增大速度相对较小[图 4-12(b)]。

在岩体变形之前对锚杆施加一定的预应力[102]，使锚杆托盘与岩体的接触更加紧密，锚杆在试件变形时能够更迅速地发挥其轴向限制作用。因此在相同节理组倾角时不同初始预

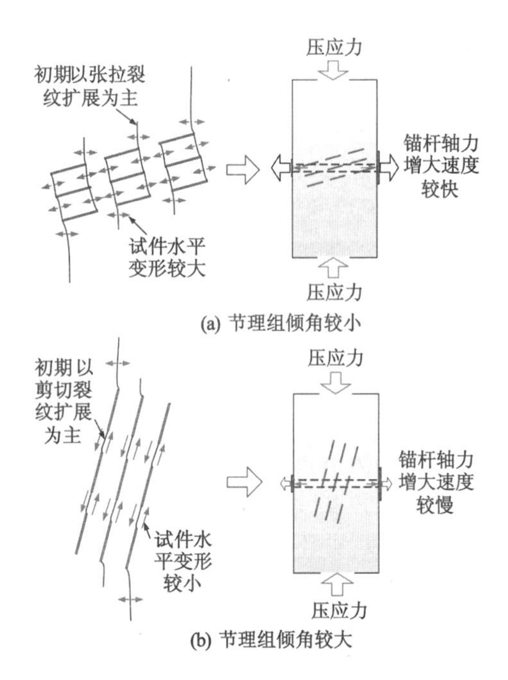

图 4-12　锚杆轴力变化速率与节理组倾角关系示意图

应力锚杆的初次峰值前轴力增大速度并不相等。当节理组倾角为 0°、60°及 75°时，峰值前锚杆的增阻速度与预应力大小成正比关系，即预应力越大，锚杆轴力增大速度越大；而其他角度时，锚杆轴力的增大速度与预应力并非成正比关系。其中 15°，30°及 45°倾角时，轴力的增大速度在锚杆预应力为 2 kN 时最低；无预应力(0 kN)时，$\alpha=30°$及 $\alpha=45°$试件锚杆的增阻速度反而最快。这是由于相较于低预应力锚杆，在高初始预应力情况下，锚杆通过托盘在试件水平方向产生围压更大，对预制节理尖端的翼裂纹萌生抑制作用更明显，因此由翼裂纹扩展而导致的侧向位移相对较小，锚杆的增阻速度也就更低。而对于 90°节理组，由于最终劈裂破坏时的裂纹几乎在瞬间萌生并扩展连通，因此在加载初期试件的侧向变形有限，加锚试件的初始阶段锚杆增阻速度基本相等。

预应力大小同样影响着峰后锚杆轴力的变化特征。对于预应力较小的锚固体，由于加载初期锚杆对试件的约束力较小，导致峰后由锚杆及破碎围岩形成的承载结构并不稳定，在荷载作用下容易二次破坏，因此峰后锚杆轴力及试件的应力-应变关系曲线易产生波动。而对于采用 2 kN 高预应力作用下的锚固体，由于加载前锚杆垫片与试件贴合紧密，因此试件的任何微小变形均会引起锚杆轴力增大。在试件到达峰值后，较高的预应力已将破碎岩体约束在高围压环境中，锚固体承载能力下降程度较低预应力工况明显减小，而随着锚固体竖向变形的继续增大，锚杆轴力继续稳步增大，锚固体的承载能力逐渐恢复。从应力-应变关系曲线和锚杆轴力的峰后曲线形态来看，高预应力锚固体的曲线变化幅度较低预应力情况下更平缓，进一步证明了高预应力作用下的锚固体承载结构更稳定。

由以上分析可知：施加预应力的意义不仅在于能够在锚固体峰值前抑制裂纹的萌生和扩展，还在于较高预应力作用下，锚固试件在峰后破坏阶段能够及时有效地调动锚杆的轴向约束作用，进而提高锚固体峰后承载体的稳定性。

4.3　断续节理岩体锚固机制的 X 射线 CT 扫描研究

4.1 节已经对试件表面应变场演化过程和宏观破坏模式进行了分析，但是预应力锚杆的施加使得试件的受力模式由单轴向双轴转变，加上锚杆孔的存在使试件的受力模式变得更复杂。相关研究表明：裂纹在三维空间内的扩展规律并不同于二维平面模式[166]，而试件内部裂纹分布模式无法靠肉眼识别。因此，为了进一步研究锚杆对锚固体内部裂隙的三维空间结构影响，采用工业 CT 系统对试件内部结构进行扫描。

4.3.1　X 射线 CT 扫描技术

工业 X 射线 CT 扫描技术是工业用计算机断层成像技术的简称，其原理主要是根据不同物质对 X 射线的吸收系数不同，进而通过计算机检测射线通过试件吸收后的强度，根据吸收的射线强度可以转变为对应的灰度值以表征不同的材料组分，其中高密度区显示为白色，低密度区显示为黑色。当 CT 扫描过程中的 X 射线穿透物体时，不同密度材料对 X 射线的吸收能力不相同，因此利用不同 X 射线的衰减系数可以得知被测物质的密度。它能够在试件无损伤的情况下以二维断层图像或三维立体图像形式，清晰、准确、直观地展示被检测物体的内部结构。在岩石力学中的应用主要集中于对室内试验过程中试件裂纹扩展的动态损伤过程分析和试验后最终的内部结构分析。

最理想的扫描方案是对试件加载的全过程进行实时扫描[42,167-168]，但是受限于试验技术条件，对试件内部裂纹扩展进行实时扫描还存在一定难度。为此，研究者们多采取对试验结束后试件内部的三维裂隙面进行扫描分析。相关的研究成果表明[40-41,49]：对破坏后试件的裂隙空间分布结果分析同样有助于提高对三维裂隙扩展规律的认识。

考虑到试件的尺寸和试验条件，本书同样选择对加载试验后的试件进行 CT 扫描。因为试件数量较多，从时间和经济性考虑，首先需对试件进行筛选，本书主要研究的是预应力大小对加锚试件破坏后内部结构的影响，因此从 3 组试验方案（无锚杆、0.5 kN 预应力及 2 kN 预应力）中选取破裂模式具有代表性且结构相对完整的 21 组试件，用以比较预应力锚杆对压缩破坏后试件三维结构的影响。由于金属材料（铝棒、铁片）与浇筑试件时所用的类岩石材料密度差距较大，为了避免加锚试件在进行 CT 扫描时金属材料对扫描结果造成较大干扰，因此加锚岩体在扫描前将锚杆取出。为了避免锚杆取出时对试件造成损伤，在锚杆取出前用透明保鲜膜将试件反复缠绕至紧密包裹，然后再取出锚杆。本试验选用的扫描电压为 350 kV，电流为 3 mA，扫描分辨率为 0.1 mm。工业 CT 扫描系统实物图如图 4-13 所示。

通过工业 CT 扫描出来的结果仅是平面二维图片，二维 CT 图像只能够对单层平面内的裂纹形态进行分析，而对于二维平面图像进行三维重构所获得的三维 CT 扫描结果能够更准确、直观地展示裂纹形态和空间分布特征[40-41,169]。为了进一步探究锚杆对试件内部裂纹扩展情况的影响，在此使用 Avizo 图像处理软件对所得到的图片进行三维可视化处理，以获取裂纹的三维结构。其基本处理流程（图 4-14）包括：

（1）重构区域的选取。为了避免模型重构过程中对试件背景处理所产生的计算负担[170]，首先对扫描获取的 CT 图像进行裁剪处理，剪除试件表面轮廓背景。

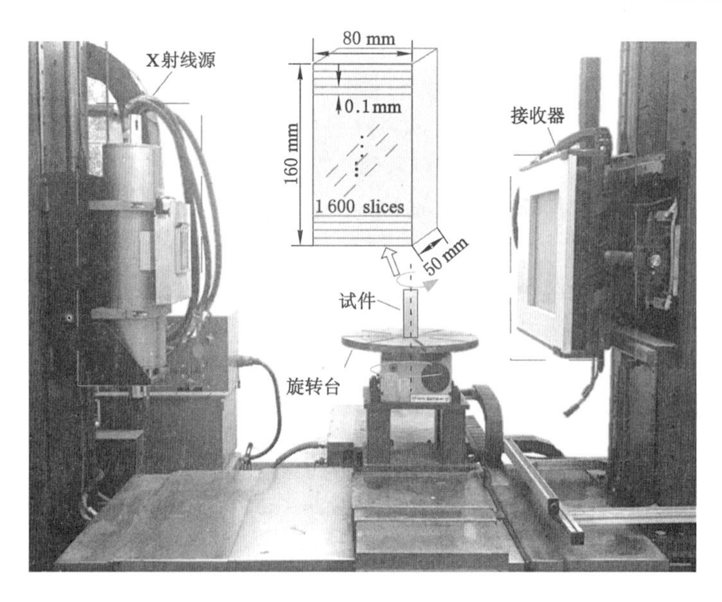

图 4-13　工业 CT 扫描系统实物图

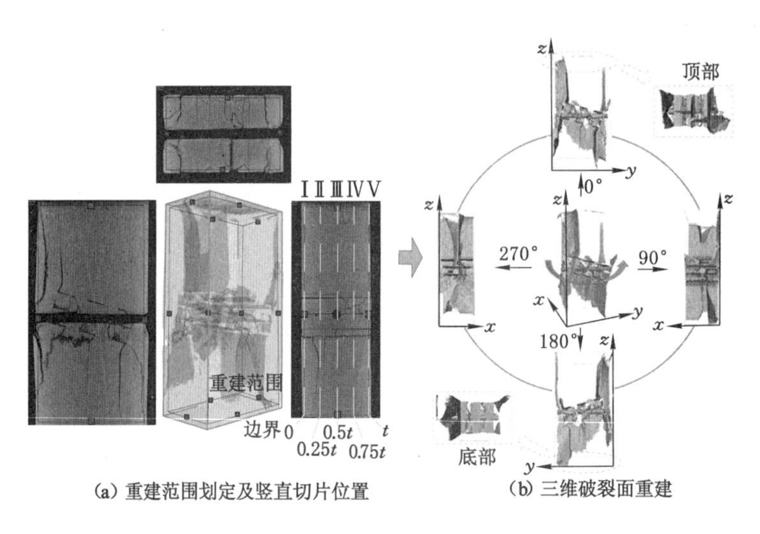

图 4-14　三维破裂面重构示意图

(2) 灰度图像的二值化处理。通过选取合适的试件基质和裂纹的灰度值进行阈值分割。

(3) 非连通孤立孔洞的清除。利用 Avizo 图像处理软件的连通率功能对阈值分割结果进行降噪处理，去除类岩石试件浇筑过程中产生的小气泡等非连通缺陷。

(4) 破裂面的三维重构。将处理结果重构，并输出显示试件内部的三维破裂面。

需要注意的是，一些在二维 CT 图像中非连通裂隙在其相应的三维图像中展现出连通形态，因此二维 CT 图像仅能展示部分试件内的裂纹分布形态，而三维重构图像能够显示裂纹的空间结构信息。在二维 CT 图像内一些微小裂纹(如试件的侧向裂纹)在三维图像内可能会成为大裂纹的一部分，这是由于在二维平面内分析往往容易将其判断为孤立存在。需要注意的是，并非所有在二维平面 CT 图像中检测到的裂纹在三维重构图像中均能显示出来，这是由于部分微小裂纹尺寸较小或者在空间上并不连续，在二值化及图像降噪过程中已将其过滤掉。

4.3.2　不同预应力时锚固体内部破裂特征

为了便于分析，按图 4-14(a)中切片位置在试件中选取了切片Ⅰ到切片Ⅴ5 组竖直切片以对不同位置处的裂纹形态进行对比分析，其位置分别对应 $x=0$ mm，$x=12.5$ mm，$x=25$ mm，$x=37.5$ mm 及 $x=50$ mm。

(1) $\alpha=0°$节理组试件

图 4-15 给出了 3 种不同锚固方式时 $\alpha=0°$节理试件单轴压缩后的内部竖直方向上的切片。结果显示：无锚含节理组试件的内部裂纹形态与试件表面裂纹形态相似，各切片位置处裂纹形态基本一致。而施加 2 kN 锚杆预应力的试件表面破裂形态与内部破裂形态差异明显，如前后表面(切片Ⅰ，切片Ⅴ)切片处水平节理间岩桥呈非直接裂纹贯通模式，而试件内部切片显示岩桥内岩石保持完整并无裂纹产生。这说明在较高预应力锚杆作用下，含 0°节理组倾角试件内部的损伤程度低于试件表面。不同锚固工况时试件内部的裂纹贯通模式更加明显，以切片Ⅱ为例，无锚试件水平岩桥内呈现拉裂纹直接贯通模式，0.5 kN 预应力锚杆试件则呈现“X”形压剪裂纹贯通模式，当预应力达到 2 kN 时，该处岩桥保持完整，无明显的

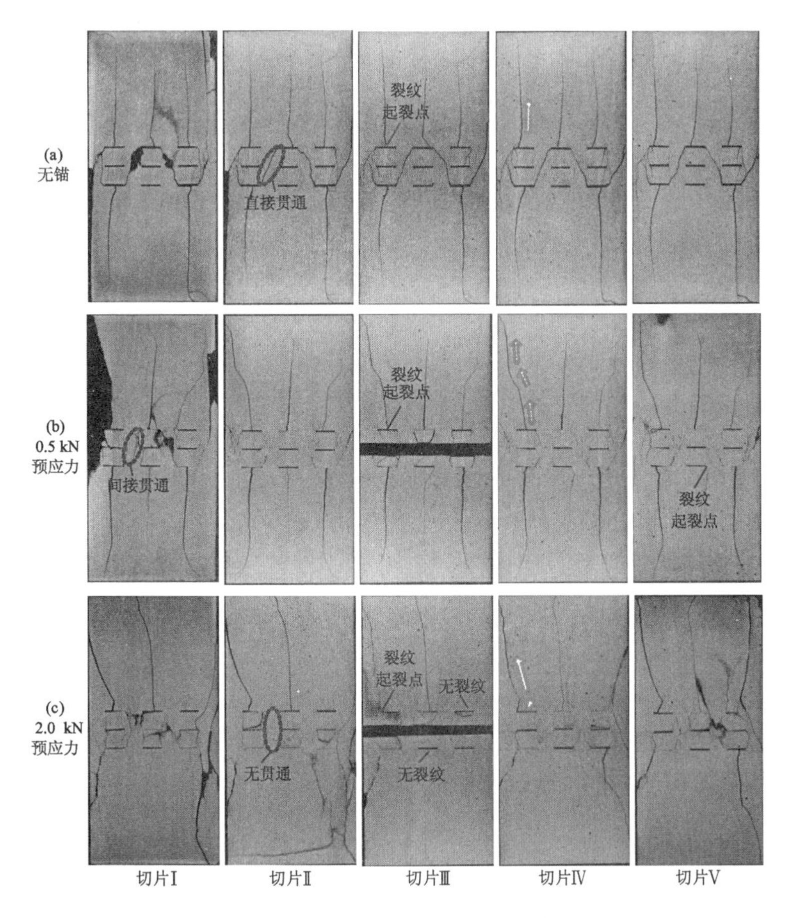

图 4-15　0°节理组锚固试件 CT 竖直扫描图像

裂纹产生。锚杆预应力的不同同样改变了预制节理尖端的应力状态，进而影响裂纹的萌生位置，对比图 4-15(b)和图 4-15(c)可以发现：靠近锚杆垫片位置的预制节理的拉裂纹萌生位置均由节理中部转移到节理的外尖端。与此同时，锚杆的施加改变了裂纹的扩展路径，与无锚时拉伸裂纹萌生后沿加载方向继续扩展不同，0.5 kN 预应力锚杆作用下裂纹在萌生后扩展一定距离后向自由面方向出现轻微偏转，而随着预应力增大至 2 kN，拉伸裂纹萌生后仅扩展很短距离便发生偏转并继续延伸至试件边角。

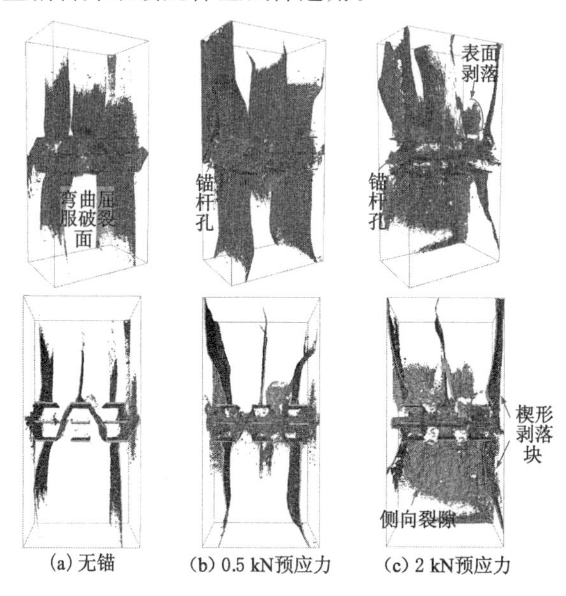

图 4-16　0°节理组锚固试件内部三维重构破裂面

对于无锚试件的三维空间裂纹形式[图 4-16(a)]，可以看出裂隙形式相对简单，节理组区域外侧裂隙多萌生于预制节理中部并沿加载方向向两端面扩展，水平节理组间则以拉剪裂纹贯通为主。对于施加 0.5 kN 预应力的 0°节理组倾角加锚试件[图 4-16(b)]，锚杆孔周边在荷载作用下出现了明显的微破裂密集区域，水平节理组之间的裂隙形式由无锚时的单条拉剪裂纹转变为“X”形贯通模式，且节理组两侧的破裂面不再平滑，在扩展过程中破裂面呈现凹凸不平的形态。对于 2 kN 预应力锚固体[图 4-16(c)]，由于正面无约束和锚杆孔，试件侧面出现穿锚杆孔的张拉破裂面。预制节理组的裂纹萌生位置由节理中部向两尖端外移，两侧的破裂面也不再沿加载方向向两端面扩展，而是在萌生后向试件两侧扩展，加上垫片在水平方向上的位移限制，试件在挤压力作用下边角分离出楔形块体。受锚杆高预应力在试件水平方向产生的压应力作用，水平节理组间的裂纹贯通基本消失。

(2) $\alpha=15^{\circ}$节理组试件

图 4-17 给出了 $\alpha=15^{\circ}$节理组时 3 种锚固工况时的竖直切片扫描图像，可以看出：无锚节理试件内部在各个切片处的破坏形态基本一致。而在加锚情况下，锚固体内部的裂纹形态更丰富，以锚杆预应力 0.5 kN 试件为例，随着切片厚度的增加，⑧号节理右尖端所产生的拉伸翼裂纹形态有着明显的变化，切片Ⅲ处裂纹的扩展路径变得更曲折，该裂纹的形成主要是由于在荷载作用下试件水平变形受锚杆轴向约束作用，因此在试件侧面沿锚杆孔发生了劈裂破坏，此破裂面在三维情况下呈曲面状态，使得裂纹路径在竖直方向切片上呈现“曲

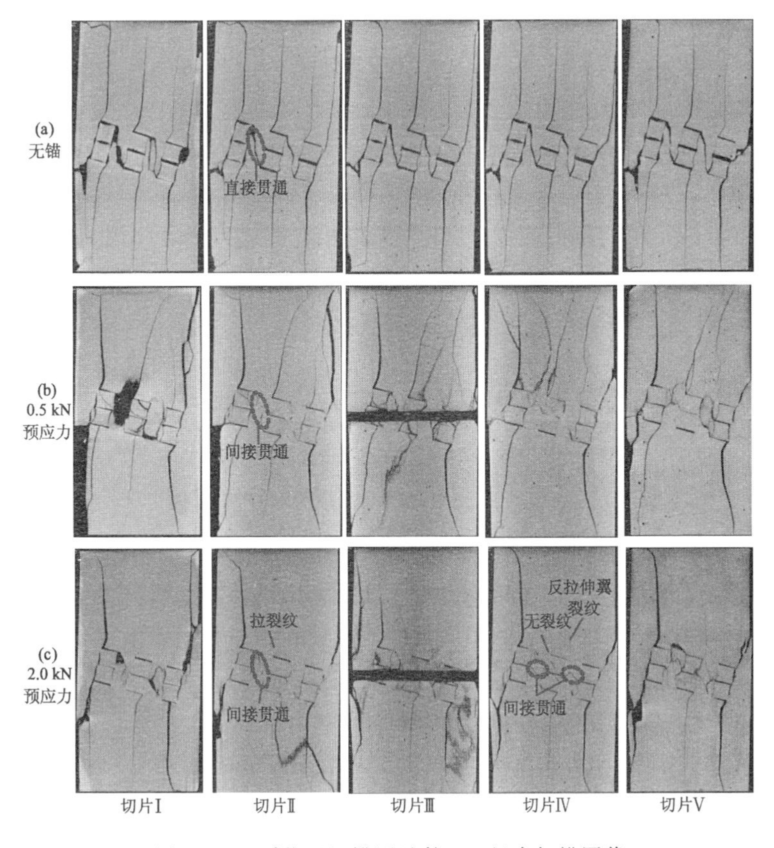

图 4-17　15°节理组锚固试件 CT 竖直扫描图像

折”形态。当切片位置到达切片Ⅳ及切片Ⅴ时，该裂纹的扩展长度与切片Ⅰ及切片Ⅱ相比明显减小，这说明在加锚情况下同一条裂纹随着切片位置的变化其形态特征也会不断演变。同样，加锚情况下试件表面水平岩桥处多呈片帮剥落破坏，而在试件内部表现为多种形态的非直接裂纹贯通模式。对比无锚和加锚试件内部的破裂程度可以发现：无锚情况下裂纹形态比较简单，主要以节理尖端产生的宏观拉伸翼裂纹为主；随着锚杆的施加，试件内的拉伸翼裂纹的数量及扩展程度开始受到抑制，次生剪切裂纹出现，尤其是水平方向上的节理岩桥内细小次生裂纹数量明显增加，破碎程度更高。

从 15°节理组倾角试件的最终三维裂纹分布形式(图 4-18)可以看出：与无锚试件相比，加锚试件的三维裂纹形态更加复杂，其中最主要区别是加锚试件在侧面出现穿锚杆孔的劈裂面，同时在节理组倾斜方向岩桥上的裂纹连通也明显减少。随着锚杆预应力的增大，两侧垫片在试件内形成压应力区域，试件中部节理区域内的岩体稳定性明显增强，因此中部节理尖端的裂纹萌生和扩展受到明显抑制，在 2 kN 锚杆预应力作用下，试件中部节理尖端几乎无裂纹产生。

(3) $\alpha=30°$节理组试件

30°节理组倾角试件的竖直方向切片扫描图像如图 4-19 所示。无锚试件在各个切片位置处的破裂模式基本一致，节理间以节理尖端的拉伸翼裂纹贯通为主，部分翼裂纹会在节理间切割出新块体。但新生块体数量较 $\alpha=15°$试件相比有所减少。在加锚情况下，裂纹的形态特征随着切片位置的变化有所不同。这里以 0.5 kN 预应力作用下⑧号节理右尖端翼裂纹的扩展方向为例，可以看出该裂纹的形态在各个切片位置处均有所差异[图 4-19(b)中亮

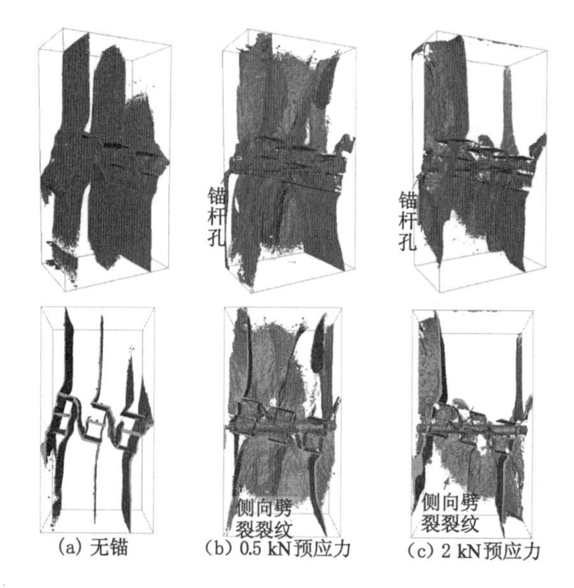

(a) 无锚　(b) 0.5 kN预应力　(c) 2 kN预应力

图 4-18　15°节理组锚固试件内部三维重构破裂面

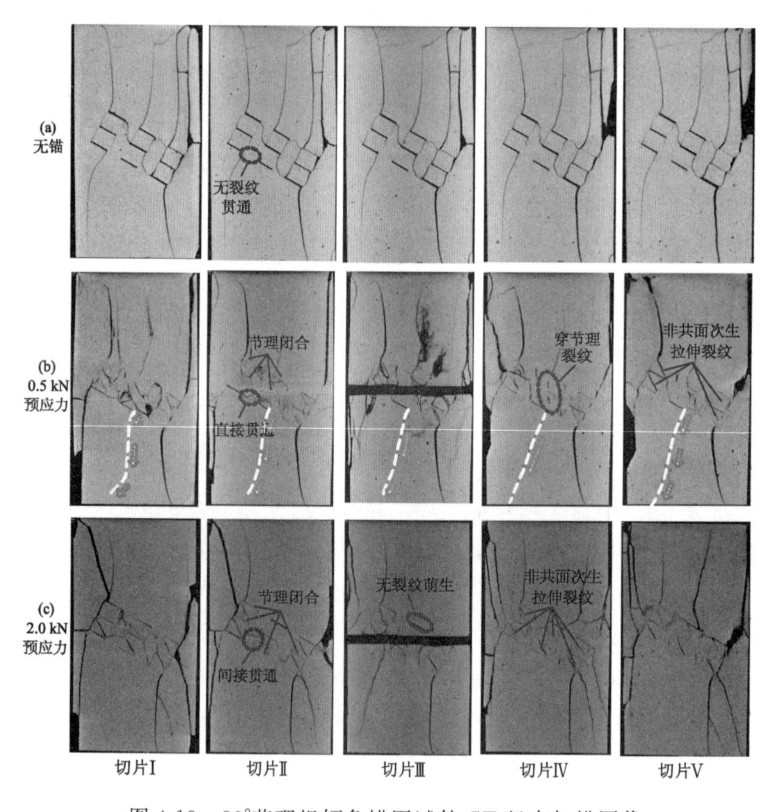

图 4-19　30°节理组倾角锚固试件 CT 竖直扫描图像

虚线]，在切片Ⅰ及切片Ⅱ位置处，该裂纹萌生后便迅速转向加载方向扩展直到试件下端面。随着切片位置的变化，当厚度到达切片Ⅲ及切片Ⅳ时，该裂纹萌生后并未发生偏转，而是继续沿着节理法向扩展至试件下端面，同一条裂纹在不同切片处扩展方向不同，说明加锚情况下试件内部的应力状态与无锚试件相比更复杂，进而造成试件内部的破裂特征有别于试件表面。

由第 3 章加锚体应力-应变关系曲线特征的分析可知：由于锚杆的塑性强化作用，无锚试件由峰后脆性破坏逐渐向塑性破坏转变。因此加锚试件在初次峰后仍具有一定的承载能力，并承受了远大于无锚试件的轴向变形，原有的张开型裂纹逐渐闭合（切片Ⅱ），并在压缩荷载作用下节理组内岩桥出现较多的拉裂纹贯通。由第 2 章的无锚试件破坏过程可知：导致 15°、30°节理组试件破坏的诱因是节理法向上相邻节理组尖端翼裂纹搭接切割出了新生块体，在轴向应力作用下新生块体转动，进而导致试件迅速失稳破坏。在锚杆的约束作用下，新生块体被约束在一起共同承载，并在受载挤压作用下进一步破坏。因此加锚试件节理组内的破裂程度更严重，裂纹贯通模式也更复杂。以不同锚固情况下切片Ⅱ处节理⑦及节理⑧间岩桥为例，该位置处的裂纹贯通模式由无锚时的无裂纹贯通变为 0.5 kN 预应力时的直接裂纹贯通，以及 2 kN 预应力下的间接裂纹贯通模式。裂纹贯通模式的改变同样体现了预应力锚杆对于试件破坏过程中应力状态的改变。

从加锚前后 30°节理组倾角试件三维破裂面可以看出（图 4-20）：除试件侧向出现的穿锚杆孔破裂面外，随着锚杆预应力增大，试件中部节理组所产生的翼裂纹数量和扩展长度均有所降低；受水平方向变形的限制，上下预制节理组尖端的贯通模式由Ⅵ型贯通模式变为Ⅶ型裂纹贯通模式。

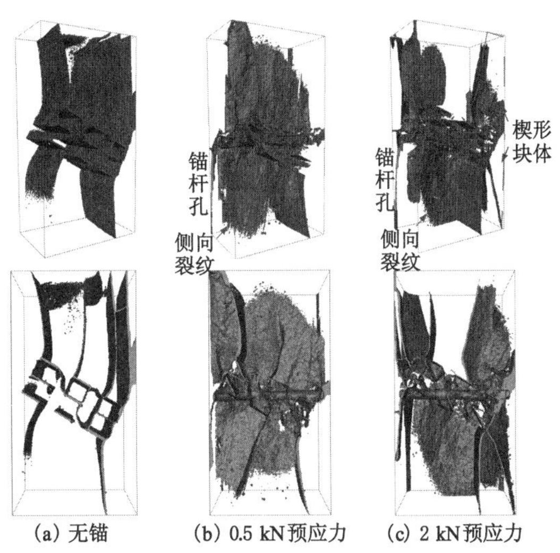

图 4-20　30°节理组锚固试件内部三维重构破裂面

(4) $\alpha=45°$节理组试件

图 4-21 为 45°节理组试件单轴压缩后的 CT 竖直方向扫描切片图。对于无锚试件，可以看出：试件的裂纹贯通模式主要包括节理组倾向上岩桥的剪切裂纹贯通和节理组内的拉裂纹贯通两种。由于预应力锚杆对试件的加固强化作用，尤其是峰后阶段，因此锚固体加载的最终状态下试件的压缩应变更大，节理间的破碎程度也明显提高，部分张开节理闭合。相较于无锚试件，加锚试件节理组内的裂纹贯通模式受不同锚固工况影响也变得更为复杂，节理组倾向上的剪切裂纹贯通受到明显抑制。此处以 0.5 kN 预应力试件为例[图 4-21(b)]，

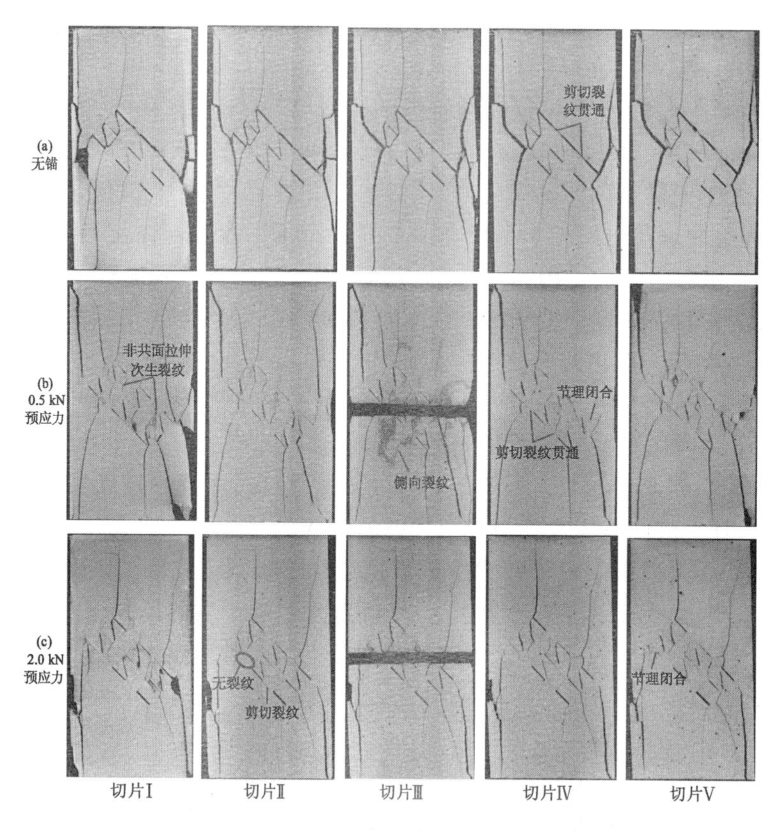

图 4-21　45°节理组锚固试件 CT 竖直扫描图像

从试件内部各切片的裂纹分布可以看出剪切裂纹直接搭接模式仅出现在节理⑦和节理⑧之间，同一倾向上的节理⑧和节理⑨尖端不再发生直接剪切贯通，而是由⑨号节理上尖端产生的剪切裂纹与⑤号及⑧号节理之间的拉裂纹相搭接，说明锚杆的施加改变了无锚试件同一节理倾向上的 3 条节理间岩桥直接贯通所形成的剪切滑移破坏。随着锚杆预应力的提高，相较于无锚及 0.5 kN 预应力加锚试件来说，2 kN 预应力锚固体节理组区域中部的节理②和节理⑧尖端均无明显的拉伸翼裂纹产生，说明预应力锚杆在节理组区域产生的压缩带能够有效抑制拉伸翼裂纹的萌生及扩展。同时节理倾向上的剪切裂纹贯通完全消失，节理⑧和节理⑨间在表面显示为直接贯通模式，但是对照切片Ⅲ、切片Ⅸ、切片Ⅴ可以看出该条裂纹是由于节理⑤和节理⑧间非共面次生裂纹的延伸，而非节理⑧和节理⑨间的剪切裂纹搭接。

图 4-22 为无锚及施加预应力锚杆情况下的 45°节理组倾角试件内部三维破裂面分布图。施加锚杆前，无锚试件的破裂面表现为节理组倾向岩桥内的剪切滑移面和节理尖端拉伸破裂面的混合破裂模式，从施加锚杆后试件的三维破裂模式来看，节理组倾向上的剪切面搭接而造成的试件滑移破坏基本消失，说明锚杆抑制了沿节理面产生的剪切滑移破坏。与此同时，受锚杆轴向力对试件水平位移的约束作用，锚杆预应力的施加在锚固体内部形成"压缩带"，节理尖端的拉伸破裂面扩展范围受到抑制。以⑧号节理下端的拉伸破裂面为例，从无锚到 0.5 kN 预应力工况，破裂面的扩展长度逐渐缩短，在高预应力(2 kN)锚杆作用下破裂面完全消失，说明了高预应力锚杆对锚固体内部拉伸破裂面的有效控制。需要注意的

是，从0.5 kN加锚试件的破裂面空间分布可以看出试件内部出现了穿过锚杆孔的侧向破裂面，这是由于试件两侧受锚杆约束而前后面为自由面，加上锚杆孔的存在，荷载所产生的压力使得锚固体易发生沿锚杆孔的侧向张裂破坏。

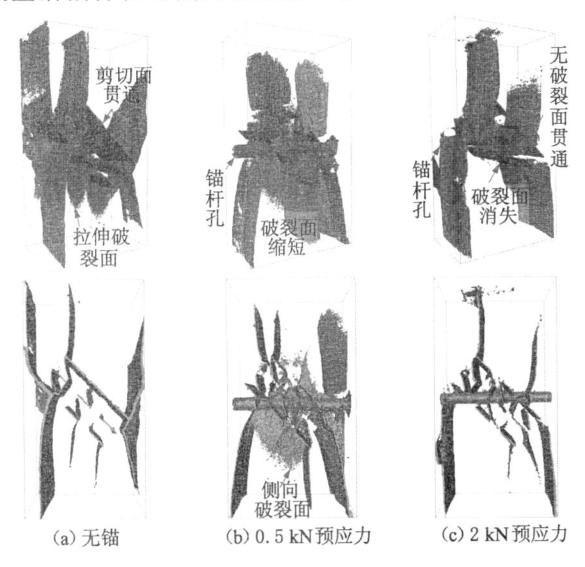

(a) 无锚　(b) 0.5 kN预应力　(c) 2 kN预应力

图4-22　45°节理组锚固试件内部三维重构破裂面

(5) $\alpha=60°$节理组试件

图4-23给出了3种锚固工况时$\alpha=60°$节理组试件单轴压缩后的内部竖直方向的CT切片。无锚试件的裂纹形态在不同切片位置处差别不大，导致试件失稳的主控裂纹贯通模式以穿过节理②、节理③、节理⑦、节理⑧、节理⑨的剪切裂纹为主，节理组法向上的裂纹贯通模式以拉裂纹为主。与无锚试件相比，加锚后60°节理组试件的内部破裂模式与表面差别明显。主要是因为在锚杆的约束作用下锚固体水平侧向变形受限，部分岩体在加载过程中向自由面挤压片帮，结合裂纹的三维形态(图4-24)可以看出所有破裂面均穿过锚杆孔。分析其原因为加锚试件在竖直压力作用下，试件内部微裂纹的萌生、扩展及贯通造成试件非线性扩容，而由于岩体侧面受中部锚杆垫片的限制作用，锚杆孔周边的侧向位移被约束，试件一方面在x轴方向形成穿过锚杆孔的张拉破裂面，一方面继续向y轴方向挤压，并以锚杆孔为中心形成多个挤压楔形片帮体。

加锚含60°节理组倾角试件内部的裂纹搭接模式与无锚试件相比同样差异明显。在切片Ⅳ切面上，无锚试件中⑦⑧⑨号节理间以剪切裂纹搭接。随着锚杆预应力的增大，在0.5 kN锚杆预应力时⑧⑨号节理间以许多小尺度裂纹搭接形成非直接贯通模式；在2 kN锚杆预应力时保持完整。剪切裂纹贯通模式的改变说明预应力锚杆不仅能够抑制翼裂纹的产生，还能对剪切裂纹也有一定的抑制作用。需要注意的是：同一工况时相同节理间的裂纹搭接模式随切片位置的不同有所差异。以2 kN预应力工况时的⑧⑨号节理为例，在切片Ⅰ上，两节理尖端为直接搭接模式。在切片Ⅱ上，⑨号节理左尖端萌生的次生剪切裂纹与⑤号及⑧号节理间拉裂纹搭接，呈现非直接贯通模式。在切片Ⅳ及切片Ⅴ上，两节理间没有裂纹搭接。

节理组倾角为60°试件内部三维重构破裂面如图4-24所示。无锚试件破坏时的破裂面形态以节理组倾向上的次生裂纹贯通导致的剪切滑移面为主。随着锚杆的施加，可以看出

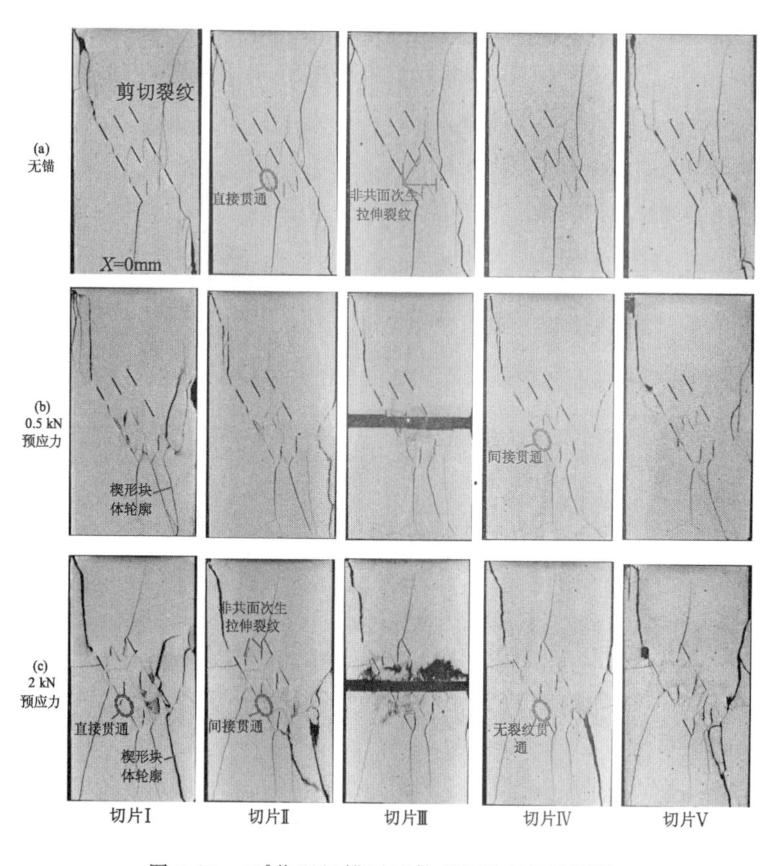

图 4-23　60°节理组锚固试件 CT 竖直扫描图像

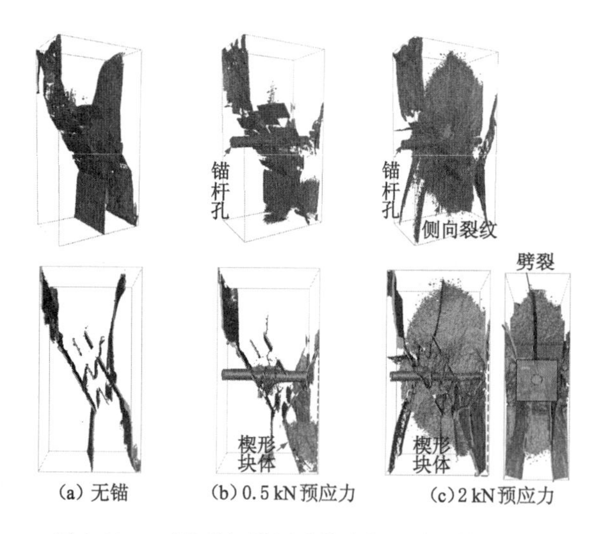

图 4-24　60°节理组锚固试件内部三维重构破裂面

破坏后节理组倾向上的剪切裂纹贯通受到抑制，取而代之的是锚固体侧边所出现的楔形块剥落，是锚杆垫片对试件的束缚作用导致试件材料在荷载作用下向垫片两侧挤压所造成的。

（6）$\alpha=75°$节理组试件

75°节理组倾角试件的竖直方向切片结果如图 4-25 所示。对于无锚试件，裂纹的组成形式相对简单，主要的裂纹形式在各个切片位置上并无改变，以节理倾向上的剪切裂纹贯通为主，而在下部的③⑥⑨号节理之间呈拉裂纹贯通模式，由上节试件表面应变场演化过程可知该拉裂纹是由节理倾向上的剪切面滑移引起的。相对于无锚试件，0.5 kN 锚杆预应力作用下的试件裂纹形式开始发生改变。从竖直切片可以看出：无锚情况下节理倾向上的 3 组剪切裂纹贯通仅剩下左侧和中间两组节理内有剪切裂纹贯通，同时中间节理组内的剪切裂纹非常细小，与左侧粗糙起伏的裂纹面相比并不明显，而右侧节理组在倾向上无剪切裂纹贯通出现。与此同时，0.5 kN 锚杆预应力工况时试件内部出现了横向裂纹，该裂纹的出现说明加锚试件内部破裂模式由无锚时的二维破裂面向三维破裂面转变，破裂形式更复杂。采用 2 kN 预应力锚杆的加锚试件内部裂纹模式与表面裂纹模式并不相同，在表面切片Ⅰ中观察到的是左右两侧节理间的剪切裂纹及节理②⑤⑦之间的拉裂纹，结合其他切片位置可以发现这两种裂纹贯穿整个试件，属于主破裂面；试件内部切片上的裂纹形态出现变化，在切片Ⅱ位置处，上部的节理①④⑦之间出现拉裂纹搭接，随着切片位置继续向试件内部移动，在切片Ⅳ位置处，上部节理①④⑦之间的拉裂纹消失，同时下部节理③⑥⑨之间出现拉裂纹贯通。与 0.5 kN 预应力试件相类似的是，试件内部同样出现横向裂纹。

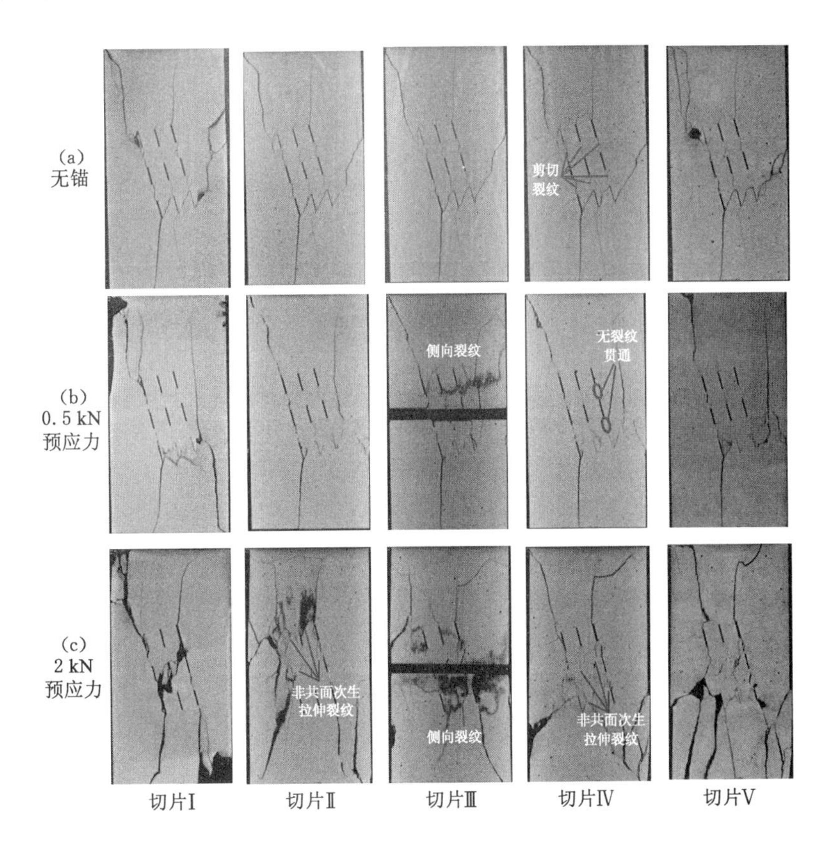

图 4-25　75°节理组锚固试件 CT 竖直扫描图像

对于 75°节理组倾角无锚试件，最终的破裂形式为节理组倾向上的剪切滑移破裂面扩展为主，如图 4-26 所示。锚杆的施加使该类破裂形式消失，从加锚试件的最终破裂形态可以判断节理组倾向上的岩桥部分基本保持完整,无明显的剪切破裂面贯通。需要注意的是:由于加锚试件峰后具有较高的承载能力,导致试件最终的变形量大于无锚试件,加上侧面锚杆孔的存在而导致的弱化作用,加锚试件的侧面均出现侧向破裂面,且试件的最终破碎程度远大于无锚试件。

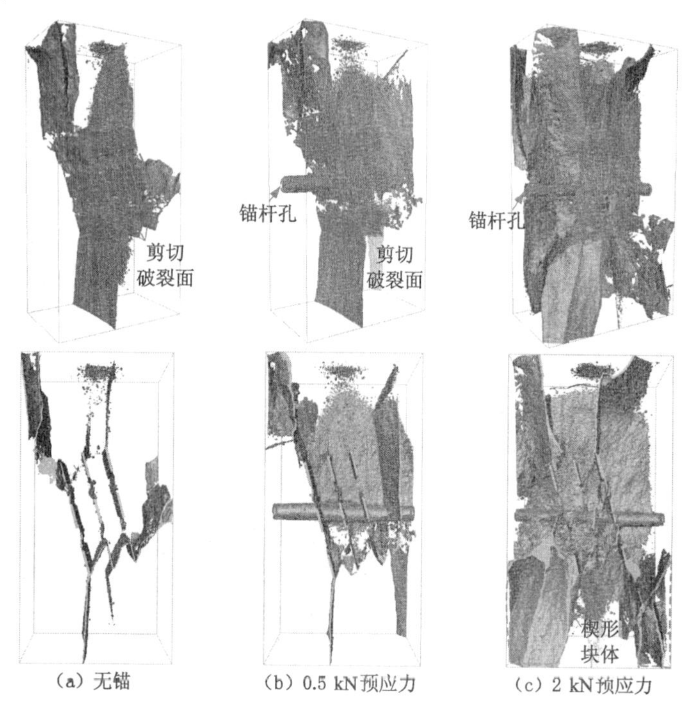

图 4-26　75°节理组锚固试件内部三维重构破裂面

(7) $\alpha=90°$节理组试件

90°节理组倾角试件的竖直 CT 扫描图及三维破裂面分布图如图 4-27 和图 4-28 所示,比较各切片位置上的裂纹形态可以看出:无锚试件表面及内部的破坏模式相差不大,整体上呈劈裂破坏模式,其中主控破裂面为穿过左侧 3 条节理的劈裂面[图 4-27(a)]。与无锚试件相比,两种锚固工况时的加锚试件在竖直切片上均出现横向裂纹,而预制节理之间几乎无裂纹搭接,这说明 $\alpha=90°$预制节理的存在对于试件节理间的裂纹贯通影响不明显。而从试件的三维重构结果来看,此类裂纹在形式上表现为贯穿试件侧面的破裂面,可以推测形成该破裂面的原因主要有两个:① 由于锚杆对试件侧面围岩的约束,前后自由面成为试件变形破坏能量的释放方向,并导致试件易沿该方向发生变形破坏;② 锚杆孔使应力容易在孔周围集中,受压过程中试件易形成穿锚杆孔的剪切破坏。

需要注意的是:在 $\alpha=90°$节理组试件的最终破坏模式的竖直切片中,在预制张开型节理周边出现了一种新的破裂模式,如图 4-29 所示。该类破裂模式在试件表面并未观察到,仅出现在试件内部,且此类裂纹独立存在,与周围裂纹基本无搭接。对比发现该“V”形破裂模式与实验室岩爆模型试验[171]和工程现场[172-173]中所观察到的“V”形岩爆坑类似。结合 90°节理组加锚试件在加载过程中的破坏过程判断,其与高地应力脆性围岩在地下工程开挖过程中所遇到的岩爆现象类似,同样是由于岩体中积聚的弹性变形能突然猛烈释放而导致的

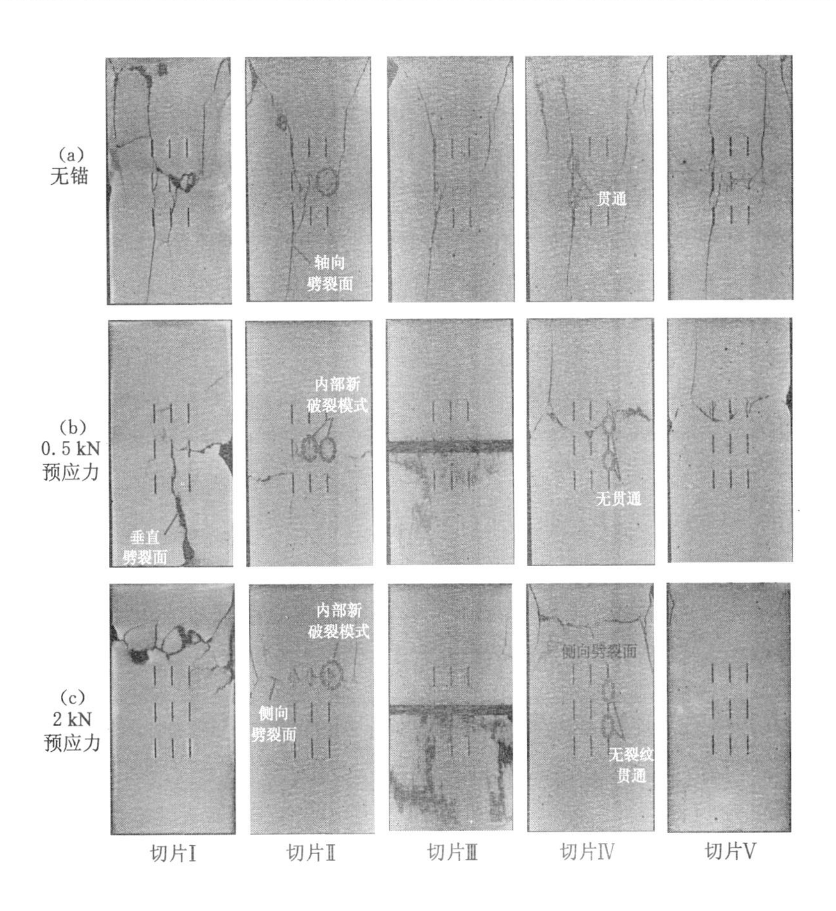

图 4-27　90°节理组锚固试件 CT 竖直扫描图像

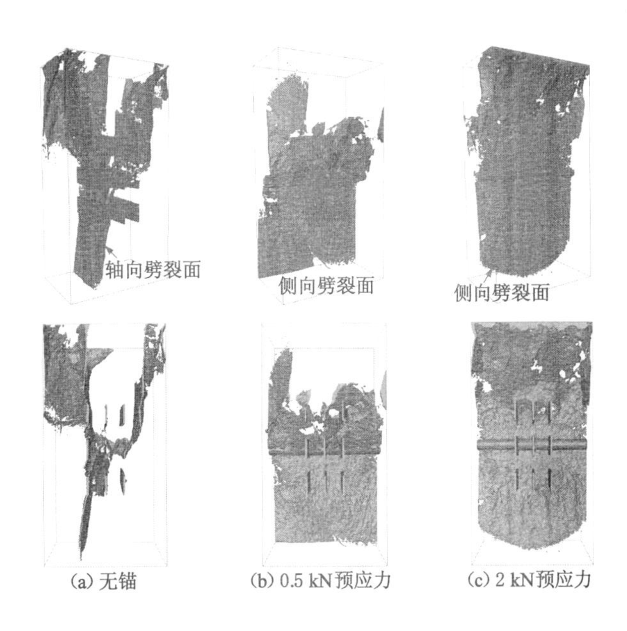

图 4-28　90°节理组锚固试件内部三维重构破裂面

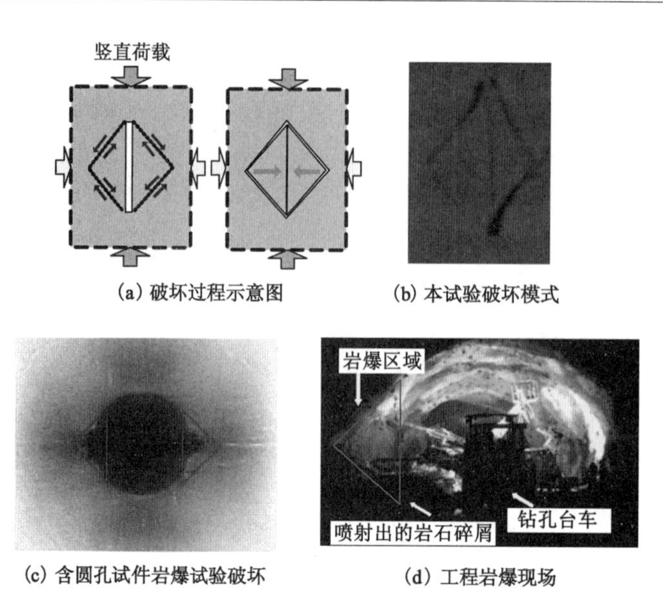

(a) 破坏过程示意图　(b) 本试验破坏模式

(c) 含圆孔试件岩爆试验破坏　(d) 工程岩爆现场

图 4-29　新“V”形破裂模式

岩块弹射现象。

4.4　预应力锚杆的加固机制讨论

含节理组试件的加锚试验结果表明：加载过程中预制节理周边裂纹的萌生、扩展及贯通模式受锚杆预应力的影响显著，而试件的破裂模式又决定加锚试件的力学性质。此处以$\alpha=45°$试件为例对预应力作用下的裂纹扩展模式影响进行分析，如图 4-30 所示。无锚情况下[图 4-30(a)]，新生裂纹沿节理法向萌生后迅速向加载方向偏转并继续扩展，并将与节理法向相邻节理尖端发生拉贯通。在低预应力锚杆作用下[图 4-30(b)]，不仅加载初期拉伸翼裂纹的产生受到抑制(即提高了裂纹的起裂应力水平)，还在一定程度上影响了裂纹的扩展路径，裂纹不再与节理法向相邻节理尖端发生搭接，而是与间隔节理尖端发生拉剪混合贯通模式。在高预应力作用下[图 4-30(c)]，由于锚杆预应力引起试件的侧压升高，在轴向应力和侧压作用下，试件内部的应力状态发生变化，拉裂纹的萌生难度进一步增加，共线相邻节理间开始出现次生剪切裂纹搭接，而剪切裂纹的起裂应力水平远高于拉裂纹。因此预应力的施加能够提高锚固节理岩体的起裂应力水平，改善加载初期节理岩体内结构面的存在所引起的应力集中状态。与无锚试件相比，锚杆的约束作用使得初次破坏的岩块咬合在一起并一同承载，在荷载作用下，岩块将发生二次甚至多次破坏。4.2 节中加锚试件内部的 CT 扫描结果证实了这一点，破坏后加锚试件内部尤其是节理区域的裂纹数量及破碎程度明显高于无锚试件。

由第 3 章锚杆施加前后的断续节理锚固体力学特性对比可知：加锚试件初次破坏后的岩样峰后承载能力明显高于无锚试件，说明锚杆能够有效抑制试件的脆性破坏，使得含断续节理组试件的脆性破坏逐渐向塑性破坏转变，且峰后承载能力的提升与预应力大小密切相关。而相关的试验及工程实践表明[174]：即使施加较小的围压，岩体的残余强度仍能得到较

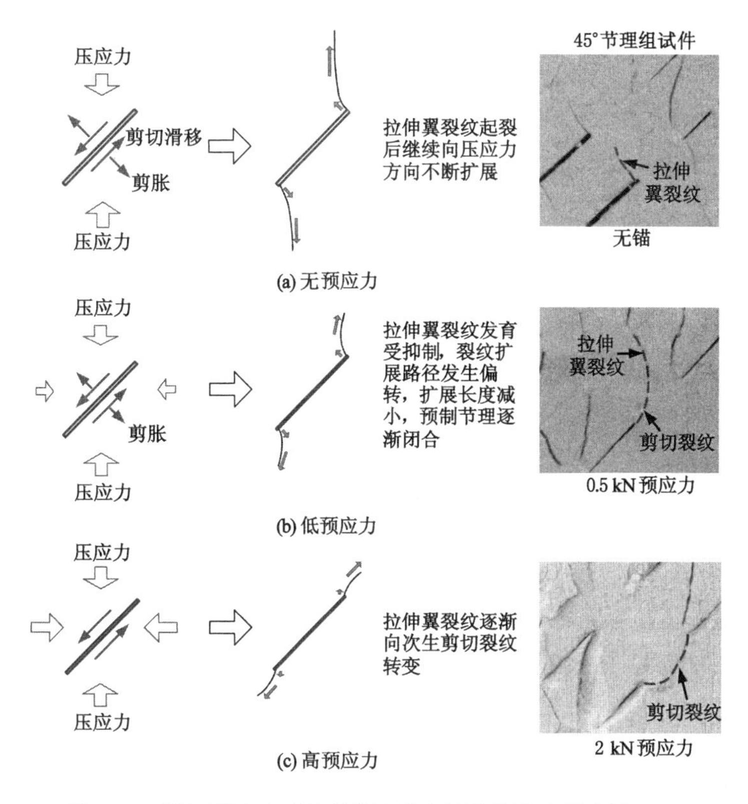

图 4-30　锚杆预应力对节理岩体裂纹扩展的影响示意图

大提升，这一点与本次试验中锚杆预应力所起作用一致。

对于无预应力或低预应力的加锚试件来说，只有试件发生变形时才能被动提供支护力，锚杆结构无法在初期抑制裂纹的产生及控制试件的变形，因此属于被动支护；高预应力锚杆支护属于主动支护技术，初期锚杆通过托盘对试件表面施加的压应力能够改善预制节理组在加载初期的应力集中状态，控制裂纹的萌生、扩展、张开等扩容变形，保持围岩的完整性；在围岩破裂以后，高预应力锚杆所能提供的压力同样高于无预应力和低预应力锚杆，能够将被破裂面分割的岩块紧密挤压在一起，并与围岩共同承担荷载，有效抑制围岩的拉伸及剪切破坏。

而由 4.2 节对于含断续节理锚固体中锚杆受力的分析可知：节理组倾角及预应力大小均对锚杆的轴力演化过程有较大影响。这对实际地下工程锚固设计过程中锚杆选型提供了重要参考。一方面，不同节理组倾角时的锚杆轴力增大速度并不相同，其中 30°节理组倾角附近锚杆轴力增大速度较快，因此应针对不同节理组倾角围岩，选用合适的锚杆型号；另一方面，预应力的升高虽然有助于提高锚固体的强度，抑制岩体的破坏，但相关试验研究表明：当锚杆扭矩达到一定值之后，继续增大锚杆扭矩，获得的预应力增量很小[175]。同时由于较高的初始预应力也容易造成后期锚杆轴力峰值过大，因此应综合考虑锚杆材质及围岩变形特征，施加合适的预应力，避免预应力过低所造成的围岩失稳和预应力过高造成的后期锚杆断裂现象。

4.5 本章小结

本章以含平行断续节理组类岩石试件为研究对象，通过施加不同预应力的端锚锚杆，开展了加锚断续节理岩体的单轴压缩试验。在试验过程中，采用 DSCM、实时声发射监测系统和应变仪，获得并分析了试验过程中试件表面的应变场演化过程、声发射规律和锚杆受力特征，揭示了节理组倾角和预应力大小对加锚断续节理岩体应变场演化模式、破坏特征形态的影响规律。同时采用 CT 扫描系统并利用 Avizo 软件对破裂后的试件进行了三维重构，对比分析了不同节理组倾角和不同预应力水平时的试件内部裂隙面分布特征。主要结论如下：

（1）含断续节理组锚固试件的应变场演化规律不仅取决于节理组倾角，还取决于锚固方法。锚杆对于断续节理岩体表面的应变场演化影响具有一定的阶段性。在加载初期，应变集中首先出现在预制节理附近，随着荷载的增大，应变集中带逐渐深化直至超过裂纹的萌生和扩展阈值形成宏观裂纹。而锚杆的存在能够在初始阶段改善预制节理周边的应变集中程度，推迟应变局部化带的出现时间，进而增大裂纹的起裂难度。随着荷载的持续增大，裂纹在节理区域内贯通并不断向试件边缘扩展最终引起试件的整体失稳。此阶段锚杆在一定程度上抑制了应变集中带在节理间岩桥区域的融合，从而减小了因裂纹贯通所引起的试件承载结构损伤，阻止试件峰后承载能力出现陡降。且锚杆预应力越高，这种抑制应变局部化带扩展和搭接的能力越强。

（2）采用 X 射线 CT 扫描系统对不同节理组倾角及锚固工况的 21 个试件进行压缩破坏后的内部结构扫描。得到了不同预应力条件下断续节理岩体的 CT 扫描图像，并利用三维可视化软件 Avizo 完成了试件内部的三维破裂面结构模型重构。研究结果表明：试件内部的空间裂纹分布模式取决于节理组倾角和锚杆预应力大小。对于节理组倾角较小的锚固体，通常以张拉裂纹为主；对于大节理组倾角试件，由于拉裂纹难以萌生，因此剪切裂纹占主导地位。在相同节理组倾角情况下，锚杆预应力一方面限制了裂纹的产生，部分裂纹的扩展长度逐渐变短甚至消失，尤其是张拉翼裂纹；另一方面改变了裂纹的扩展路径，并促进裂纹贯通模式由拉裂纹贯通向次生剪切裂纹贯通转变，节理岩体的破坏模式逐渐转变为剪切破坏为主。受预应力锚杆作用和锚杆孔影响，加锚试件各个切片位置的裂纹模式并不完全一样，试件两侧出现楔形块体挤压破坏，内部开始出现穿锚杆孔的侧向破裂面。

（3）获得了不同预应力锚杆作用下的断续节理锚固体的锚杆轴力变化过程，结合锚固体承载结构的损伤演变过程，锚杆轴力演变过程可分为四个阶段：峰前缓慢升高阶段、峰值附近快速升高阶段、峰后加速升高阶段以及峰后波动阶段，分别对应锚固体的峰前损伤积累期、锚固体峰值破坏期、锚固体峰后承载结构重塑期及锚固体峰后失效期。分析了锚固体初次峰值强度前锚杆预应力与节理组倾角对锚杆轴力增长率的影响机制。受不同节理组倾角试件裂纹萌生模式的影响，小节理组倾角时锚杆初期轴力增大速率高于大倾角节理组试件。

（4）探讨了锚杆预应力大小对锚固体承载能力的影响。对于预应力较小的锚固体，由于锚杆对试件的约束力较小，导致峰后由锚杆及破碎围岩形成的承载结构并不稳定，在荷载作用下容易发生二次破坏，因此峰后锚杆轴力及试件应力-应变关系曲线易产生波动。对于采用高预应力作用下的锚固体而言，锚固体峰后承载能力下降程度较低预应力工况明显减小，其应力-应变关系曲线变化幅度较低预应力工况更平缓，说明高预应力作用下的锚固体承载结构更稳定。

第5章 工程应用

深部高地应力节理破碎围岩巷道的支护一直是深部开采所面临的难题，而导致深部巷道围岩稳定性控制问题难以解决的原因有两个方面[176]，一方面是在高地应力与软弱破碎围岩双重恶劣条件影响下，节理破碎围岩的变形破坏机理尚不够明确；另一方面是由于现有支护手段所提供的支护阻力有限，即预期的支护成本无法提供足够的支护力。本章以新安煤矿及唐阳煤矿深部破碎软岩巷道[177-178]为例，以现场采集数据和围岩力学测试结果为基础，采用离散元模拟软件建立巷道数值模型，首先对开挖后无支护和原支护变形破坏机制进行了研究，然后根据前几章研究成果，基于高预应力强力支护原则，提出新的联合支护方案，结合数值模拟和现场测试，评价破碎软岩支护方式的有效性。

5.1 深部高应力软弱破碎巷道稳定性分析及控制

5.1.1 新安煤矿主回风石门工程背景

5.1.1.1 巷道工程概况

新安煤矿位于甘肃省平凉市境内，井田煤层埋藏较深，其矿井工业场地标高为＋1 255 m，井底车场开拓巷道(图 5-1)处于＋535 m 水平，位于新窑向斜西翼，掘进期间主要揭露了泥岩和砂岩，岩层倾角为10°左右，岩层柱状图如图 5-2 所示。

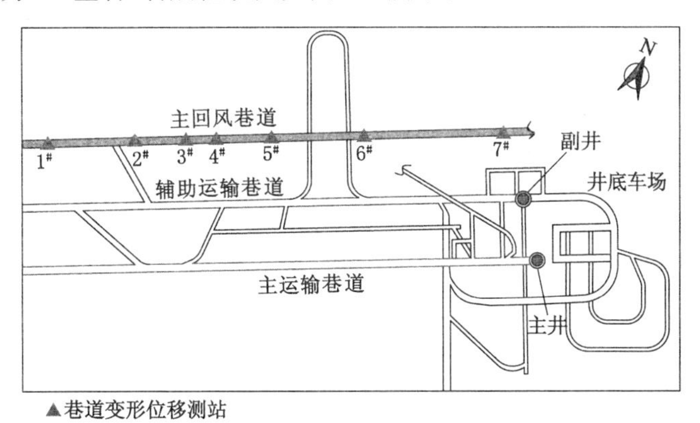

图 5-1 新安煤矿开拓系统示意图

由于该矿区前期缺乏可以借鉴的资料，巷道初期支护为常用的锚网喷支护，但是巷道往往掘进完不到一个月便出现严重的底鼓、两帮内挤及顶板下沉，局部巷道收敛变形量达 2 m[179]。虽然经过多次修复和加固，但仍不能保证巷道围岩结构的稳定性，不但投入剧增，

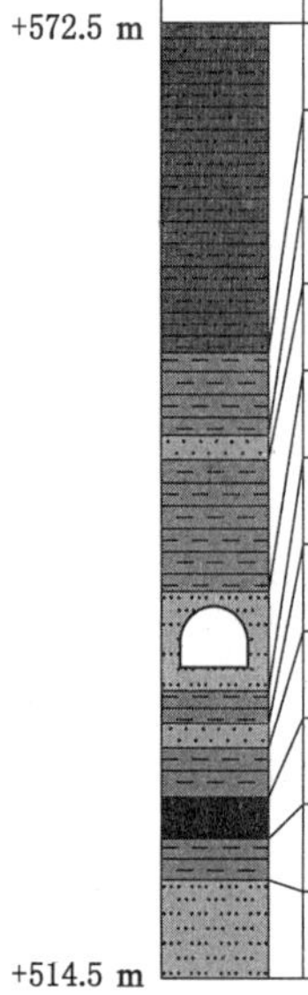

+572.5 m

柱状图	岩性	厚度/m	地质描述
	砂质泥岩	20.0	灰色,含有黄铁矿结晶,下部为缓坡层理
	泥岩	5.0	黑灰色,含黄铁矿结晶,缓坡层理
	粉砂岩	1.5	灰绿色,水平层理,薄砂岩夹层
	泥岩	8.0	黑色,含黄铁矿结晶,缓坡层理
	细砂岩	6.0	灰、紫色,水平层理,坚硬,含砂岩夹层
	泥岩	2.0	黑灰色,含黄铁矿结晶,缓坡层理
	粉砂岩	1.5	灰绿色,水平层理,薄砂岩互层
	泥岩	3.0	灰褐色,含菱铁矿结晶
	1号煤	2.5	灰褐色,半亮煤,带状结构,含铁矿结晶
	泥岩	2.5	黑灰色,含黄铁矿结晶,缓坡层理
	细砂岩	6.0	灰、紫色,水平层理,坚硬,含砂岩夹层

+514.5 m

图 5-2 地层综合柱状图

而且严重影响矿井的正常生产和安全。

5.1.1.2 深部松软破碎巷道围岩失稳特征

通过对井底车场巷道进行实际考察和测试,总结巷道的失稳特征包括以下几个方面:

(1) 巷道围岩非对称大变形

由于新安煤矿回风石门围岩以泥岩为主,其中含有大量的黏土类矿物,遇水后极易发生体积膨胀和强度弱化现象,受底板积水和顶板淋水的影响,局部巷道出现严重的底鼓现象[图 5-3(a)];同时巷道顶板发生错动位移和向内挤压,出现拱顶下沉[图 5-3(b)];两帮向巷道内部自由面呈现不对称挤压变形[图 5-3(c)],巷道断面收缩率达 50%以上。

(2) 初期变形大且持续时间长

新安煤矿+535 m 回风石门埋深约 750 m,且围岩强度较低,属于深部极软岩巷道。巷道掘进后围岩稳定性差,拱顶下沉、底鼓和两帮收缩等大变形现象持续出现。该矿长期的监测结果表明巷道掘进后的初期阶段部分巷道的变形速率达 50 mm/d 以上,而且变形持续时间少则 2 个月,多则半年以上。

(3) 支护材料大量失效

由于进行支护时巷道仍处于不断变形中,支护材料未能有效控制围岩变形。而且传统的支护材料强度低,支护材料与巷道围岩在变形强度和刚度上不耦合,导致巷道中锚杆、锚索出现大量拉出、拉断等失效现象[图 5-3(d)],部分托盘与杆体发生脱离、锚索嵌入岩壁钢筋网与托盘连接部分多处被崩断。说明现有支护方案不能有效控制深部软岩破碎巷道的围岩大变形。

5.1.1.3 围岩物理力学特性

为了了解新安煤矿深部巷道围岩成分和力学参数,对现场获得的岩样开展矿物成分

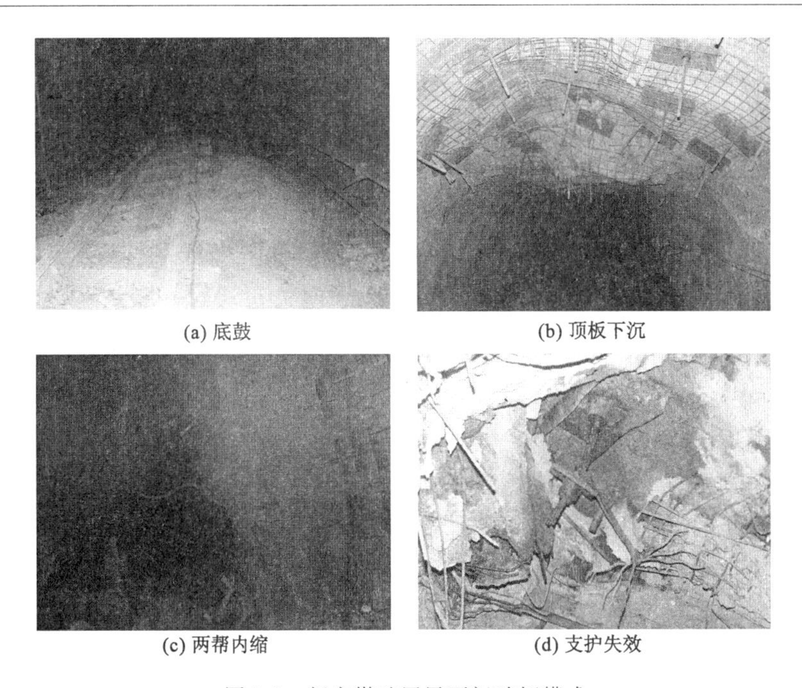
(a) 底鼓　(b) 顶板下沉
(c) 两帮内缩　(d) 支护失效

图 5-3 新安煤矿回风石门破坏模式

X 射线衍射分析和单轴压缩试验，以便获得围岩的成分和相关力学参数，为接下来数值模拟分析巷道围岩的变形破坏机理及巷道支护设计优化提供参考。

首先对巷道现场所取岩石试件进行 X 射线衍射分析，由图 5-4 中所示 X 光衍射图谱可知试件中矿物均含有较多的高岭石、伊利石、石英，及少量菱铁矿、长石、方解石、白云石等矿物[179]，其中黏土类矿物含量高达 76%。说明巷道围岩属于膨胀性软岩，遇水极易发生软化、崩解及膨胀，不但遇水后自身强度大幅降低，而且会产生较大的膨胀力，不利于巷道的稳定。

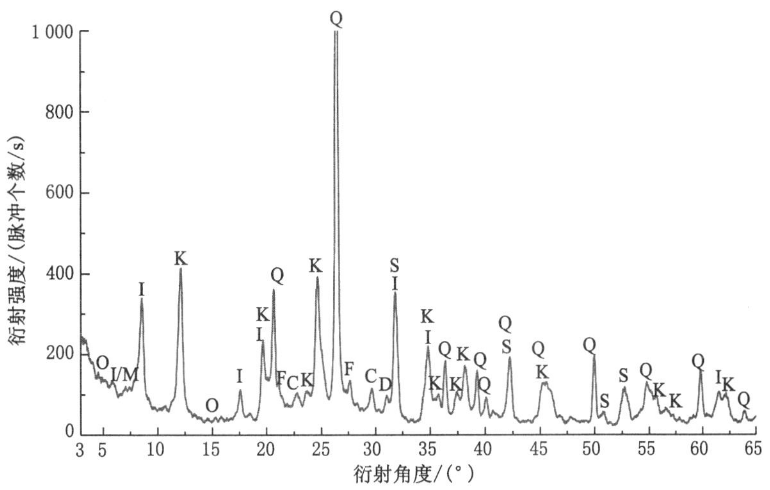

K—高岭石；I—伊利石；I/M—伊利石-蒙脱石混合层；
Q—石英；S—菱铁矿；F—长石；C—方解石；D—白云石；O—其他。

图 5-4 泥岩试件 X 射线衍射图谱

为了解新安煤矿的软岩力学性质，对回风石门所在区域围岩进行了室内力学试验，其中泥岩岩样的平均单轴抗压强度为12.0 MPa，煤样的平均单轴抗压强度为16.1 MPa；砂岩岩样平均抗压强度为11.2 MPa，说明围岩中岩样的强度极低，且试件的加载破坏过程表明巷道围岩成岩年代较近，胶结差，裂隙较发育。

5.1.2 深部高应力软弱破碎巷道离散元数值模型的建立

由于岩石材料所具有的非连续性特征（如节理、裂纹、层理和矿物成分的差异），导致连续介质力学方法在工程围岩稳定性分析应用中具有很大的缺陷，因此非连续介质方法得到了快速发展和应用。离散单元法（DEM）的核心思想是将研究对象假定为一系列完全刚性或者可变形块体、球体的集合，通过定义块体或者球体的力学行为来模拟其集合体的受力、运动和变形等过程。块体单元符合地下工程中岩石的外观结构，单元之间全接触及更容易产生自锁效应的特性，使得块体离散元能够克服颗粒离散元的一些缺点，更适合用于模拟工程尺度围岩的破坏和支护研究。一些学者对其在隧洞工程模拟中的应用做了相关的研究工作[123,180-181]，并显示其在模拟围岩破坏和支护方面的优越性。为了研究深井软岩开拓巷道的变形与破坏特征及支护机制，并为巷道支护设计提供基础，拟采用块体离散元软件（Universal Distinct Element Code，简称 UDEC）对新安煤矿回风石门进行数值模拟计算与分析。

5.1.2.1 UDEC 三角形模型

UDEC 分别采用连续力学介质和接触关系对块体和接触进行阐述。针对块体本身能够进行单独的力学求解。通过接触与其他连续块体产生相互作用，块体可为刚性体或具有可变形性特征[182-183]。受开挖卸荷应力重分布的影响，深部地下工程周边围岩破裂区内的岩体分布总是不规则的，而传统的模拟方法大多数采用规则块体进行模拟，因此很难准确模拟硐室周边破裂岩体的结构特征和动态力学行为[184]。UDEC 的三角形块体在模拟岩石破裂时相较于随机多边形（Voronoi）块体具有明显的优势。本书先根据 Voronoi 模型生成随机凸多边形块体，然后通过编写 Fish 语言，将 UDEC 中自带的随机多边形单元切割成三角形单元[123]。三角形块体平均边长的选取，应使得数值模型包含足够数量的块体，以获得较为精准的数值模拟结果。在本模型中，岩体表示为一系列通过界面接触的离散三角形块体集合，而数值模型的宏观变形和强度取决于微观三角形块体和接触面的力学参数。

（1）块体模型

由于岩石的抗拉强度远小于其抗压强度，因此块体选择莫尔-库仑弹塑性本构模型。其破坏准则如图 5-5 所示。

破坏包络线根据莫尔-库仑屈服准则[183]定义为 A 点到 B 点：

$$f_s = \sigma_1 - \sigma_3 N_\varphi + 2C\sqrt{N_\varphi} \tag{5-1}$$

式中 φ——内摩擦角；

C——黏聚力；

$N_\varphi = (1+\sin\varphi)/(1-\sin\varphi)$。

从 B 点到 C 点的拉伸屈服函数为：

$$f_t = \sigma_t - \sigma_3 \tag{5-2}$$

式中 σ_t——抗拉强度。

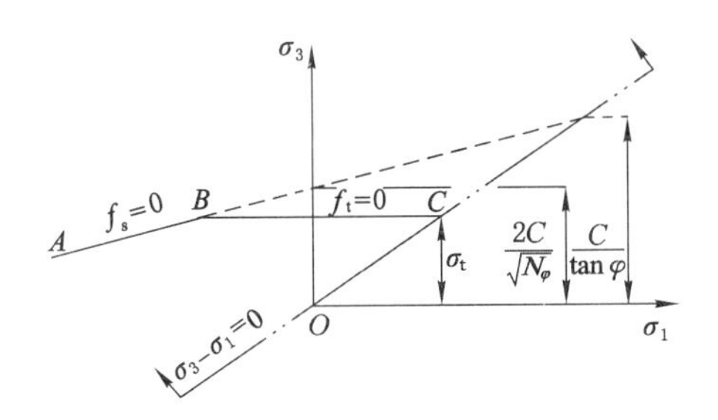

图 5-5 UDEC中块体的莫尔-库仑破坏准则

(2) 接触面模型

接触面采用库仑滑移模型,可以实现接触面的滑动或张开,非常适合模拟深岩巷道开挖后的破坏过程。用一组弹簧模拟接触面的接触行为,将接触面的受力分为法向应力和切向应力。接触面的本构模型如图5-6所示。在接触面法线方向上,假定应力、位移关系为线性关系,其力学响应行为受法线刚度(k_n)控制。

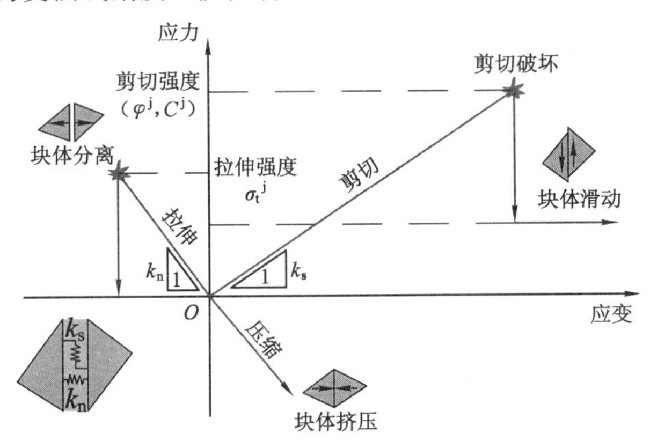

图 5-6 块体接触面本构行为

$$\Delta\sigma_n = -k_n\Delta u_n \tag{5-3}$$

式中 $\Delta\sigma_n$,Δu_n——有效法向应力增量及法向位移增量。

如果法向应力超过接触的抗拉强度,则 $\sigma_n=0$,接触面发生拉伸破坏。

在接触面切向方向,由剪切强度(τ_s)控制,接触面剪切方向的响应由剪切刚度(k_s)控制并受抗剪强度(τ_{max})限制。应力与位移的关系可分为两个阶段。

如果$|\tau_s| \leqslant C+\sigma_n\tan\varphi=\tau_{max}$,则:

$$\tau_s = k_s\Delta u_s^e \tag{5-4}$$

否则,如果$|\tau_s| \geqslant \tau_{max}$,则:

$$\Delta\tau_s = \text{sign}(\Delta u_s)\tau_{max} \tag{5-5}$$

式中 Δu_s^e——弹性剪切位移增量;

Δu_s——总剪切位移增量。

5.1.2.2 UDEC模型的微观参数校准

因为由常规的力学试验获得的抗压强度和弹性模量等力学参数无法直接应用于离散元

程序，所以需要通过 UDEC 建立尺寸与完整岩样相同的模型进行模拟力学试验，从而获得所需的微观参数。

(1) 宏观岩体参数的校核

由于工程岩体的不连续性(如节理、裂隙、层理和不同的矿物成分)引起宏观强度降低，导致岩体强度远低于实验室内的完整岩块强度，因此，有必要对岩体参数进行标定[185]。为了对岩体进行评价和分类，研究人员已经建立了许多岩体分类系统，如 RMR、RQD、RMi 和 GSI[186]。

GSI 是基于岩体的节理外观状态(节理粗糙度、风化程度和充填情况)和结构特征(节理数量分布、块体形状和地质扰动程度)来描述地质条件对岩体强度的削弱程度的分类系统。GSI 的取值范围为 0～100，GSI 值的选择则根据岩体 GSI 分类表中的节理外观和结构特征确定。由 GSI 的两个判断准则中的 6 个影响因素可以看出 GSI 能够比较全面地描述岩体特征，又保证了这些影响因素便于现场工程师观察确定，因此更贴合地下隧洞工程的施工特点。

本书基于 P. Marinos 等[187]利用霍克-布朗破坏准则中的附加地质性质所提出的一种新的非均质软弱岩体 GSI 分类图对围岩进行分类，并采用霍克-布朗破坏准则[188-189]确定巷道围岩性质，岩体常数(m_b,s,a)由下式计算：

$$m_b = m_i \exp\left(\frac{\mathrm{GSI} - 100}{28 - 14D_m}\right) \tag{5-6}$$

$$s = \exp\left(\frac{\mathrm{GSI} - 100}{9 - 3D}\right) \tag{5-7}$$

$$a = \frac{1}{2} + \frac{1}{6}(\mathrm{e}^{-\frac{\mathrm{GSI}}{15}} - \mathrm{e}^{-\frac{20}{3}}) \tag{5-8}$$

其中常数 D 的选取基于岩体受爆破和卸压影响的程度，其取值范围为 0～1，1 代表围岩处于原岩状态强烈影响。根据围岩状况及文献[189]的分类标准，D 值选为 0.5。岩体强度 σ_{cmass} 和岩体变形模量 E_{mass} 分别由 E. Hoek 等[189]给出的公式计算。计算结果汇总于表 5-1 中。

$$\sigma_{cmass} = \sigma_{ci}\frac{[m_b + 4s - a(m_b - 8s)](\frac{m_b}{4+s})^{as-1}}{2(1+a)(2+a)} \tag{5-9}$$

$$E_{mass} = \left(1 - \frac{D}{2}\right)\sqrt{\frac{\sigma_{ci}}{100}} \cdot 10^{\frac{\mathrm{GSI}-10}{40}} \tag{5-10}$$

表 5-1 完整岩石性质及计算得到的霍克-布朗参数、岩体性质

岩性	完整岩石		GSI	常数				岩体	
	σ_{ci}/MPa	μ		m_i	m_b	s	a	σ_{cmass}/MPa	E_{mass}/GPa
泥岩	12.0	0.30	32	5	0.196 1	0.000 12	0.520	2.98	0.84
粉砂岩	13.0	0.27	46	9	0.687 8	0.000 75	0.508	3.35	1.28
砂岩	11.2	0.24	40	19	1.091 2	0.000 34	0.511	2.83	0.89
煤	16.1	0.25	29	14	0.476 2	0.000 08	0.524	4.25	2.39
泥质砂岩	9.8	0.21	37	6	0.298 7	0.000 25	0.524	2.53	1.32

(2) UDEC模拟中细观参数校核

基于工程岩体参数标定获取的弹性模量 E_{mass} 及泊松比 μ，可将UDEC模型中的体积模量 K 和剪切模量 G 根据以下公式[183]计算得到：

$$K = \frac{E_{mass}}{3(1-2\mu)} \tag{5-11}$$

$$G = \frac{E_{mass}}{2(1+\mu)} \tag{5-12}$$

模型中接触面的法向刚度 k_n 及剪切刚度 k_s 可由以下公式计算得到：

$$k_n = 10\left[\frac{K+\frac{3}{4}G}{\Delta z_{min}}\right] \tag{5-13}$$

$$k_s = 0.4k_n \tag{5-14}$$

式中 Δz_{min}——块体节点距相邻接触面的最小宽度。

而块体的黏聚力、内摩擦角及抗拉强度和接触面的黏聚力、内摩擦角及抗拉强度通过开展一系列单轴压缩模拟试验，将模拟试验结果与岩体力学参数及破坏模式进行对比，流程图如图5-7所示。为降低模拟结果对网格大小的依赖性，在保证长宽比的情况下增大块体边长，同时增大数值试验模型尺寸，根据比较结果修正微观参数，直到数值试验结果与岩体宏观参数趋于一致。数值模拟得到的应力-应变关系曲线及破坏模式如图5-8所示，经标定得到的数值模型中岩层所采用的块体及接触面参数见表5-2。

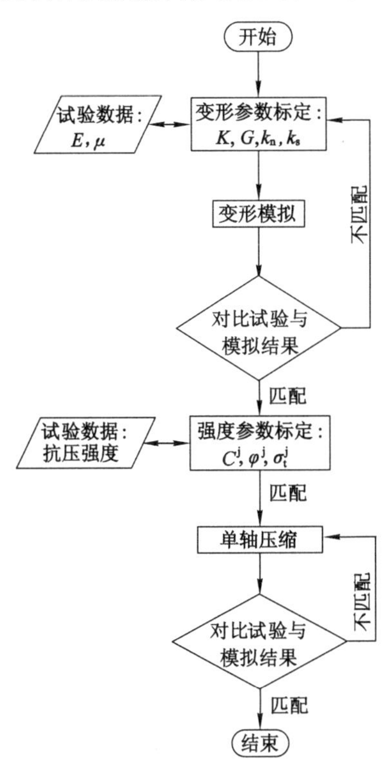

图5-7 参数标定过程

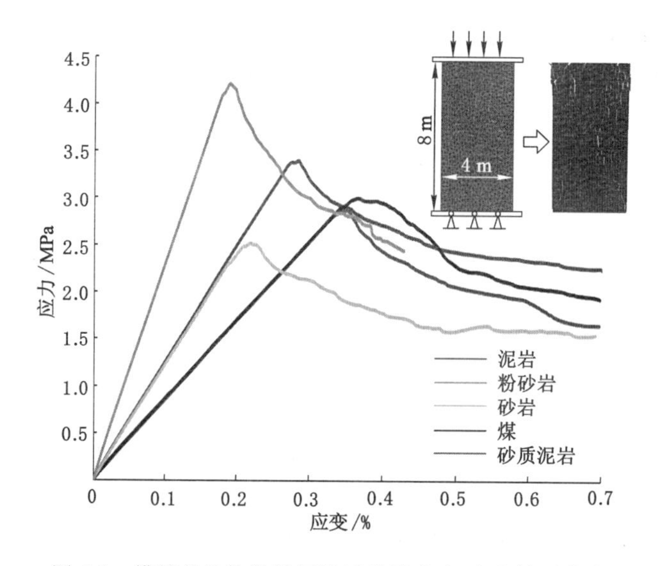

图 5-8 模拟的岩体单轴压缩试验及应力-应变关系曲线

表 5-2 模型岩层细观力学参数

岩性	块体参数						接触面参数				
	ρ /(kg/m³)	K /GPa	G /GPa	C^b /MPa	φ^b /(°)	σ_t^b /MPa	k_n /(GPa/m)	k_s /(GPa/m)	C^j /MPa	φ^j /(°)	$\sigma_t{}^j$ /MPa
泥岩	1 900	0.57	0.36	0.6	24	0.4	79.2	31.7	1.29	24	0.25
粉砂岩	2 450	1.59	0.96	2.0	30	1.6	217.9	87.2	1.58	30	0.27
细砂岩	2 620	0.76	0.55	2.2	32	1.0	110.1	44.0	1.06	32	0.20
煤	1 400	0.70	0.32	4.0	33	0.9	89.2	35.7	1.25	33	0.19
砂质泥岩	2 500	0.93	0.50	0.9	21	0.2	123.1	49.2	1.63	21	0.32

5.1.2.3 回风石门数值模型的建立及模拟方案

由新安煤矿+535 m 回风石门的地质柱状图可知:巷道围岩主要以泥岩、粉砂岩及细砂岩为主,其中巷道开挖在 6 m 的细砂岩中,该岩层上下均为泥岩。断面形状为直墙半圆拱,巷道净宽为 5 m,拱高为 4 m,墙高 1.5 m。按照图 5-2 所示岩层分布及表 5-2 中的岩层参数建立数值模型,如图 5-9 所示。本模拟主要是研究巷道周边围岩的破坏机制,因此为了保证计算效率,仅在巷道周边产生边长小于 0.3 m 的三角形块体,其他区域仍然采用更适合模拟岩层形状的长方形块体。模型尺寸为 60 m×55 m(宽×高),共 9 014 个块体。模型边界条件为:上边界采用应力边界条件,施加模拟上覆岩层重力的垂直荷载 18.75 MPa;左右侧面水平方向位移固定,底部采用垂直方向位移固定边界。

首先将上述边界条件施加到模型上并运行到平衡以模拟原岩应力状态。通过删除块体来模拟巷道的开挖,为了更真实地模拟巷道开挖时表现出的时空效应[185],采用 ZONK. fis 命令,在巷道表面施加一个逐步减小的力,以模拟巷道开挖的时空效应,在此引入应力释放系数 β,即施加在巷道表面的力与原岩应力的比值:

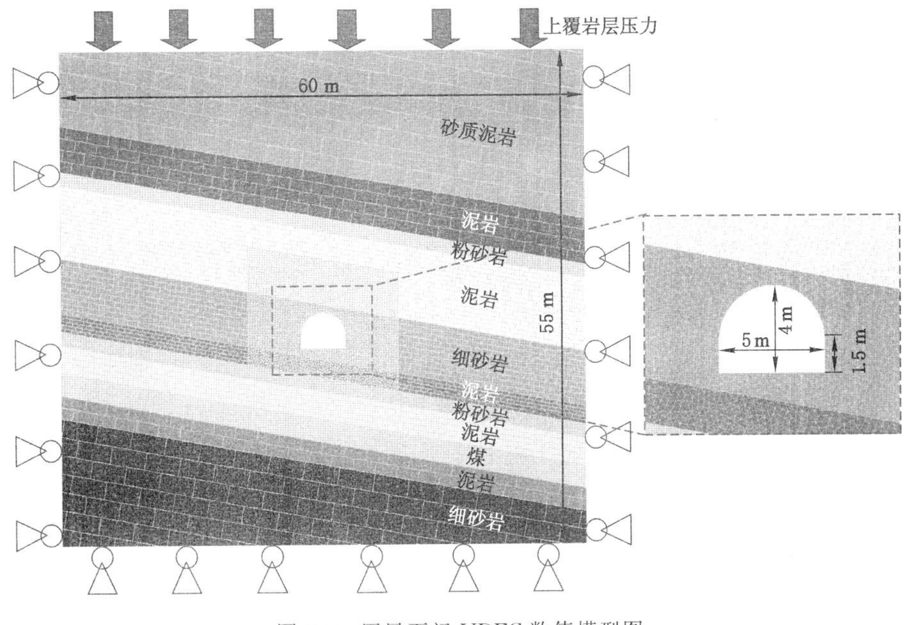

图 5-9 回风石门 UDEC 数值模型图

$$\beta = \frac{\sigma_s}{\sigma_m} \tag{5-15}$$

式中 σ_s——巷道表面应力,MPa;

σ_m——开挖前的原岩应力,MPa。

改变应力释放系数 β,从 1 到 0 分 10 步逐渐衰减,模型在每一个系数下运行足够步数到设定的最大不平衡力值 e^{-5}时停止。$\beta=1$ 时,模型可看作未受掘进扰动影响时的原岩应力状态,通过逐渐减小 β 值模拟掘进面不断接近模拟的巷道断面;$\beta=0$ 时,视为掘进面通过断面,端头效应对巷道断面无影响。

首先对无支护和原支护条件下的支护模型进行模拟,以揭示巷道围岩变形破坏规律。未优化前巷道所采用的支护形式为锚网索喷支护,采用 2 500 mm×ϕ22 mm 的螺纹钢锚杆,间、排距为 750 mm×750 mm;半圆拱内及帮部均采用 ϕ18.9 mm 钢绞线锚索,长度分别为 6 800 mm 和 4 300 mm,间、排距为 1 800 mm×1 600 mm;采用强度等级为 C20 的喷射混凝土,厚度为 100 mm,如图 5-10 所示。

模拟中的锚杆、锚索采用 cable 命令,喷射混凝土采用 struct 命令,支护单元的细观参数见表 5-3、表 5-4。

表 5-3 UDEC 中的原支护锚杆、锚索支护参数

	密度/(kg/m^3)	弹性模量/GPa	破断力/kN	黏结刚度/(N/m)	黏结强度/(N/m^2)	预应力/kN
锚杆	7 500	200	120	2×10^9	4×10^5	36
锚索	7 500	200	300	2×10^9	4×10^5	60

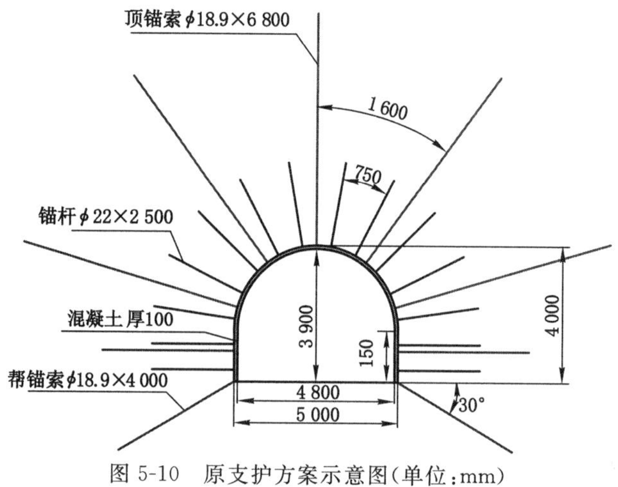

图 5-10　原支护方案示意图(单位:mm)

表 5-4　UDEC 中的原支护喷射混凝土支护参数

厚度/m	弹性模量 /GPa	抗压强度 /MPa	抗拉强度 /MPa	接触面法向刚度 /(GPa/m)	接触面切向刚度 /(GPa/m)
0.1	25	70	50	5	5

5.1.3　深部高应力软弱破碎巷道围岩变形破坏机制

5.1.3.1　位移规律

从数值模型巷道周边 4 个测点的监测位移(图 5-11)可以看出:开挖后的软弱破碎巷道围岩在高应力条件下变形量随时间不断增大,后期巷道变形呈现明显的加速流变特性。从不同监测点位置的位移量来看,开挖初期顶板及底板位移量大于两帮,随着应力不断释放,两帮尤其是右帮的位移量增长速度逐渐超过顶底板位移量,并成为巷道围岩破坏最严重的部位。

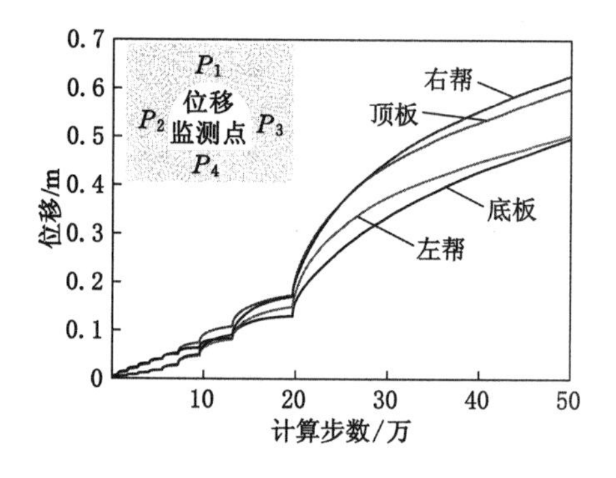

P_1,P_2,P_3,P_4—监测点。

图 5-11　巷道表面位移测点开挖后无支护状态位移曲线

图 5-12(a)为未支护巷道围岩位移矢量图,此时巷道变形严重,同时出现严重的顶板跨落、底鼓和两帮内挤现象。其中最大下沉量 910 mm 出现在顶板左侧;底板左侧底鼓量略大

于右帮，最大底鼓量为 560 mm；巷道两帮出现内挤，其中右帮内挤严重，最大变形量为 650 mm，左帮变形量为 540 mm。图 5-12(b)为原顶帮锚网喷支护后的巷道围岩位移矢量图，可以看出：采用原支护后，支护区围岩结构稳定性在锚杆、锚索的作用下得到加强，巷道整体变形得到了一定控制。其中两帮及顶板位移量均有所减小；顶板最大下沉量降低 65%，为 320 mm，两帮最大变形量下降 32%，为 810 mm。但采用该支护后底鼓仍然严重，说明原支护方案难以控制深井极软岩巷道的大变形破坏。

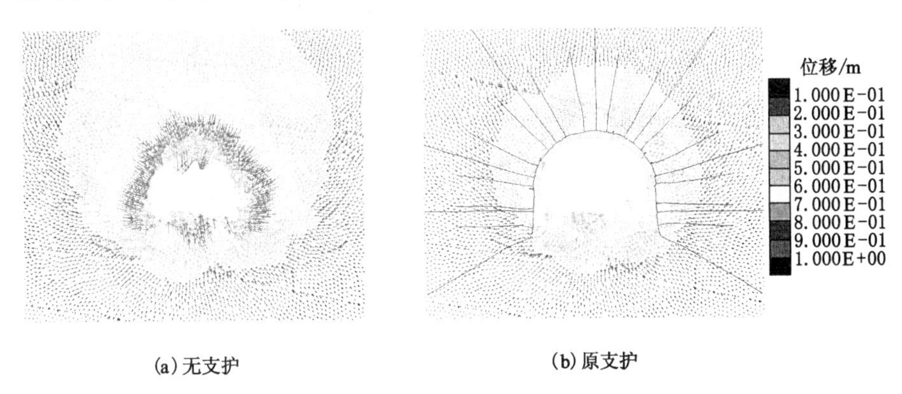

图 5-12 无支护及原支护时巷道围岩位移矢量云图

5.1.3.2 应力状态

无支护状态时主应力在不同应力释放阶段及原支护方案下的大小及分布规律如图 5-13 所示。

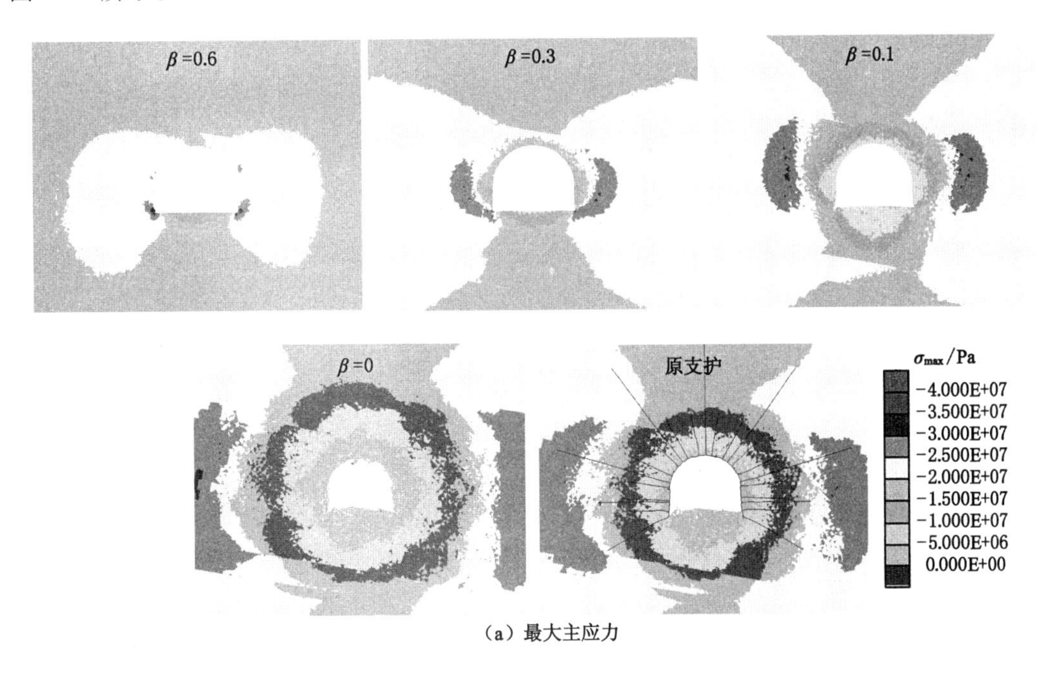

图 5-13 开挖后无支护状态及原支护方案主应力分布图

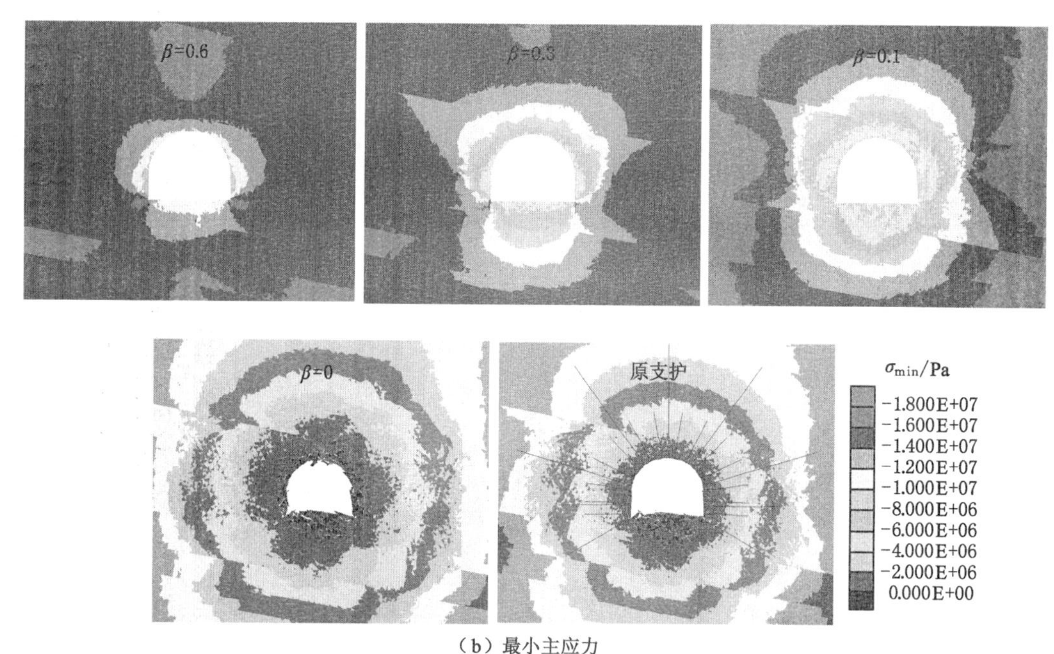

（b）最小主应力

图 5-13(续)

图 5-13(a)所示为巷道周边围岩内的最大主应力演化过程。可以看出：随着应力的不断释放，在初始阶段应力集中区首先出现在巷道周边，特别是底角由于受力状态较差，此处应力集中最为严重，应力集中系数接近 3，此处围岩容易产生挤压破坏。随着巷道表面围岩的不断卸压，偏压的升高导致巷道周边浅部围岩首先破坏。由于临近巷道表面的围岩承载结构出现损伤，应力集中区即主承载结构不断向围岩深部转移，而巷道周边出现大范围应力松弛区。

无支护状态下最小主应力在不同应力释放阶段及原支护方案时的大小及分布规律如图 5-13(b)所示。可以看出：无支护状态下巷道周边围岩出现大面积拉应力区域；采用原顶帮锚网索喷支护方案后，顶板及两帮的应力松弛区域明显减小，应力状态有所改善，但底板拉应力区范围反而有所增大。

5.1.3.3 围岩裂纹及塑性区分布规律

图 5-14 为不同阶段裂纹扩展示意图。巷道开挖后，围岩周边裂纹首先从两帮和帮角处产生，由于巷道所在岩层较顶底板岩层软，因此裂纹主要沿岩层倾角方向在该岩层内扩展，随着应力不断释放，在高地应力作用下，顶底板岩石开始破坏，剪切破坏逐渐向围岩深处发展，范围不断扩大。而巷道浅部围岩则出现大面积张拉破坏，发生张拉破坏的围岩碎裂严重，岩块之间缝隙大，摩擦与镶嵌作用及抗拉强度、抗剪强度基本丧失，正是这种张拉破坏，导致围岩出现碎涨和离层。采用顶帮锚网索喷支护后，该支护方案对巷道周边剪切裂纹总体数量的控制效果不明显，但是对顶帮支护区的张拉裂纹数量抑制效果明显。说明预应力锚杆、锚索能够改善巷道表面围岩的力学环境，使围岩的残余强度增大。支护前后的塑性区分布图(图 5-15)同样证明采用原支护后，顶帮浅部围岩的拉伸破坏范围明显减小。但是该支护方案仍未能有效控制巷道的大变形，巷道顶帮仍然出现一定范围的张拉破坏，而且由于

底板无支护，底板的张拉破坏状态依然严重。

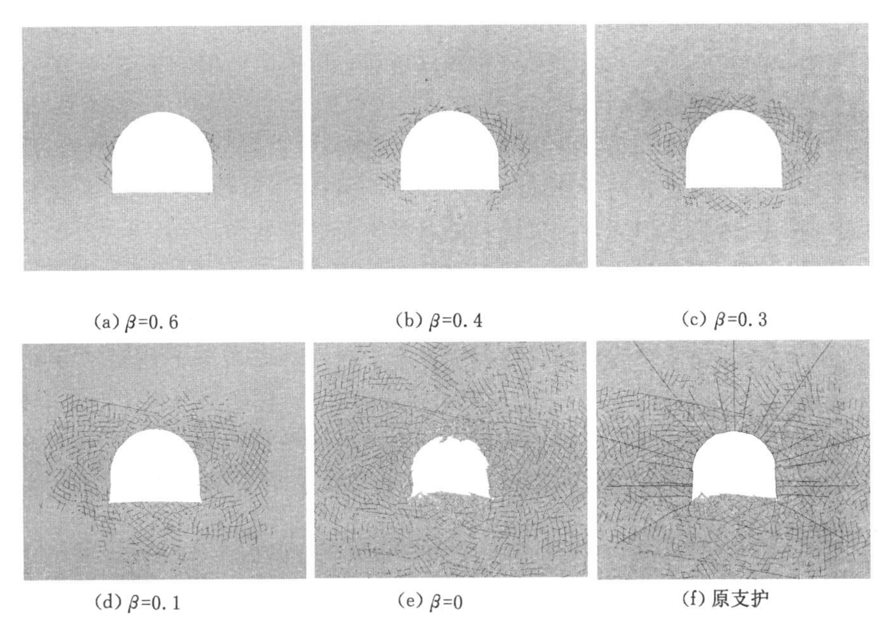

图 5-14 巷道围岩内裂纹演化过程

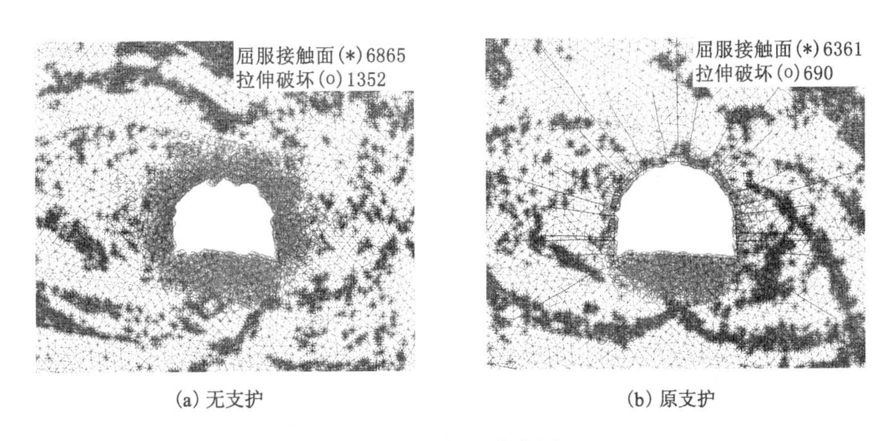

图 5-15 塑性区分布图

5.1.3.4 围岩破坏变形机制

(1) 高地应力与低强度围岩之间的矛盾。

新安煤矿＋535 m 回风石门所在岩层围岩松散破碎、软弱、岩性较差，加上大埋深导致高地应力环境，巷道的开挖导致临空一侧卸压，围岩表面产生了较高的偏应力，浅部一定范围内的围岩受压破坏进入峰后残余强度阶段，并产生了较大的塑性区。同时围岩表面的裂纹由表及里快速萌生扩展，浅部围岩不断失去承载能力，在高地应力作用下，松动破坏区范围不断扩大。外加工程中这些岩层中含有较多黏土质矿物，在遇水或吸湿后，更加剧了围岩的失稳破坏，最终导致巷道围岩大变形失稳。

(2) 锚杆、锚索预应力低，支护结构强度低。

原支护采用顶帮锚网索喷支护，但安装预应力较低，锚杆及锚索预应力仅为 36 kN 和 60 kN。第 3 章和第 4 章的研究表明：足够的预应力是锚杆实现主动支护的保证，较小的预应力难以控制围岩的初期变形，尤其是张拉离层破坏。由数值模拟结果可知：新生裂纹不断向深部扩展，导致围岩整体承载结构劣化，进而造成后期锚固系统失效，围岩整体失稳。加上顶帮喷射混凝土层较薄，其承载能力和抗渗能力较弱，难以起到抵抗围岩变形和封闭底板岩石的作用，在高应力软岩巷道的地质条件下，难以维持巷道结构的稳定。因此支护加固应增大巷道表面围压，增强支护的强度以阻止围岩发生大变形破坏。

(3) 底板应力状态差且无支护。

巷道采用顶帮锚网索喷支护的半圆拱形巷道时，底角为直角。在高应力作用下，由于底角极易产生应力集中，因此首先破坏。原支护方案虽然在一定程度上控制了顶板和两帮的变形，但是巷道的顶帮压力增大时，压力向巷道底板转移，底板就会出现应力集中现象，从而促使底板产生碎涨和弯曲变形，底板的破坏进而影响巷道帮部的稳定，使得两帮内挤，顶板下沉加剧，如此恶性循环，最终造成巷道围岩和支护结构的全面失稳破坏，因此底板属于需要加强支护的薄弱区域。

5.1.4 深部高应力软弱破碎巷道高强预应力联合支护方案及现场实践

5.1.4.1 支护对策分析

(1) 高强预应力主动支护

前几章的研究结果表明：对节理岩体及时施加足够的预应力能够有效改善锚固体的力学性能，尤其是高预应力对峰后残余强度的提高和峰后脆性破坏的抑制；同时，足够的预应力能够显著减少张拉裂纹的形成及扩展，进而起到抑制浅部围岩出现离层破坏的作用。因此巷道开挖后应及时打设预应力锚杆、锚索，并对锚杆、锚索施加足够的预应力以最大程度恢复巷道表面围压，改善巷道围岩物理性能与力学性能，抑制浅部围岩的张拉离层破裂向深部扩展。同时在顶板、两帮处采用高强锚索，将表面松动围岩固定在深部较稳定围岩上，以调动深部围岩的承载能力。

(2) 改善底板的受力状态

采用开挖巷道反底拱方法，降低该处围岩的应力集中程度。同时反底拱具有一定的承载能力，在一定条件下可有效地控制底鼓的发生。针对原支护中底板为薄弱部位，对底板增加锚杆支护，减少底鼓量。

(3) 高强度全封闭整体支护

浇筑全断面钢筋混凝土壳体结构，给围岩提供高阻力，形成高强度、全封闭的整体支护结构，有效限制巷道围岩的大变形，同时起到封闭围岩和降低水(汽)对巷道围岩中黏土矿物的不利影响的作用，以保证巷道围岩和支护结构长期稳定。

5.1.4.2 联合支护方案

在此支护对策基础上提出了“锚网索＋壳体”联合支护方案，并采用半圆拱形巷道断面。巷道支护采用初期主动支护(高预应力锚网带喷支护＋锚索加固)＋二次高强度支护(全断面格栅拱架与高强度混凝土砌碹＋全断面锚注加固)组成复合支护结构。巷道首先采用半圆拱形断面掘进，掘进断面宽 5 700 mm、高 4 450 mm。完成外圈初次锚网带喷支护施工后，开挖反底拱。随后安装底板锚杆并浇筑钢筋混凝土反底拱，最后进行顶帮钢筋混凝土锚壳支护结构浇筑施工。

（1）初次锚网喷支护参数

顶板两帮锚杆采用 ϕ22 mm×2 500 mm 的高强度螺纹钢锚杆，预应力不低于 60 kN，帮部锚杆向下倾斜 5°～20°。钢筋网采用 ϕ6 mm 圆钢焊接的经纬网，网格大小为 100 mm×100 mm，每片钢筋网尺寸为 2 200 mm×1 500 mm；钢带采用直径为 16～18 mm 圆钢焊接，且增加锚杆孔间的连接筋，长×宽为 2 150 mm×60 mm；喷射混凝土强度等级为 C20，厚度为 100 mm 左右。顶板锚索规格为 ϕ18.9mm×8 300 mm，间、排距为 1 400 mm×1 400 mm，两帮下部 2 根锚索规格为 ϕ18.9 mm×4 300 mm，极限锚固力不低于 300 kN，底板采用 5 根 ϕ22 mm×2 000 mm 锚杆进行加强支护。

（2）全断面高强度格栅拱架混凝土结构参数

全断面格栅拱架混凝土支护结构施工时，先施工底板反底拱和帮角部分，后施工两帮和拱顶部分。底板反底拱设计为圆弧形，拱厚为 450～550 mm，配筋同格栅钢架；混凝土强度等级不低于 C50。格栅拱架净断面高 350 mm、宽 200 mm，纵筋（主筋）为 6 根 ϕ22 mm 的螺纹钢，规格为 HRB335；箍筋为 ϕ12 mm 的圆钢，规格为 HPB235，箍筋间距为 20 mm；格栅拱架的排距为 700 mm，在立好拱架结构之后铺设面层钢筋网，采用钢丝绑扎成一体，绑扎间距为 200 mm；内层格栅拱架混凝土的浇灌可在立模后采用长距离泵送高强度混凝土浇灌而成，浇灌混凝土厚度为 400～450 mm，强度等级不低于 C50。最终形成的支护方案如图 5-16 所示。

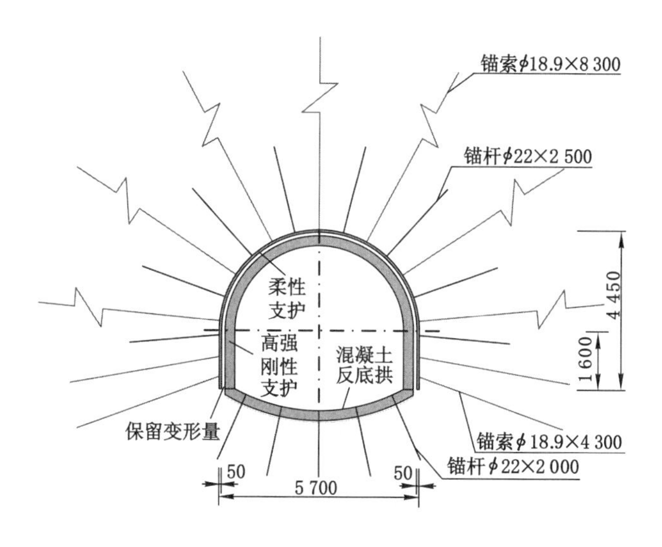

图 5-16 “锚网梁索＋壳体”支护方案图（单位：mm）

5.1.4.3 “锚网梁索＋壳体”联合支护数值模拟分析

为验证新支护方案的可行性，采用块体离散元模拟软件对该方案进行模拟分析。各支护构件所采用的参数见表 5-5 和表 5-6。

表 5-5　新支护锚杆、锚索支护参数

	密度 /(kg/m³)	弹性模量 /GPa	破断力/kN	黏结刚度 /(N/m)	黏结强度 /(N/m²)	预应力/kN
锚杆	7 500	200	120	2e9	4e5	60
锚索	7 500	200	300	2e9	4e5	80

表 5-6　新支护喷射混凝土支护参数

厚度 /mm	弹性模量 /GPa	抗压强度 /MPa	抗拉强度 /MPa	接触面法向刚度 /(GPa/m)	接触面切向刚度 /(GPa/m)
350	35	150	100	20	20

采用新支护后的主应力场分布如图 5-17 所示。由图 5-17 可知：开挖后巷道围岩发生破坏而产生的应力松弛区范围明显减小，说明预应力锚杆、锚索结合高强度混凝土格栅有效改善了巷道表面围岩的应力状态，降低浅部围岩的破碎效应，使得松动破坏圈转变成岩石承载圈，达到支护与围岩共同承载的目的。同时巷道底板的受拉区范围相较于之前的支护方案减小明显。由支护后巷道围岩的塑性区分布图 5-18 同样可以看出：巷道围岩中的拉伸破坏数量相较于原支护减少 85%，仅存在于巷道两帮及底板浅部的一小部分区域。

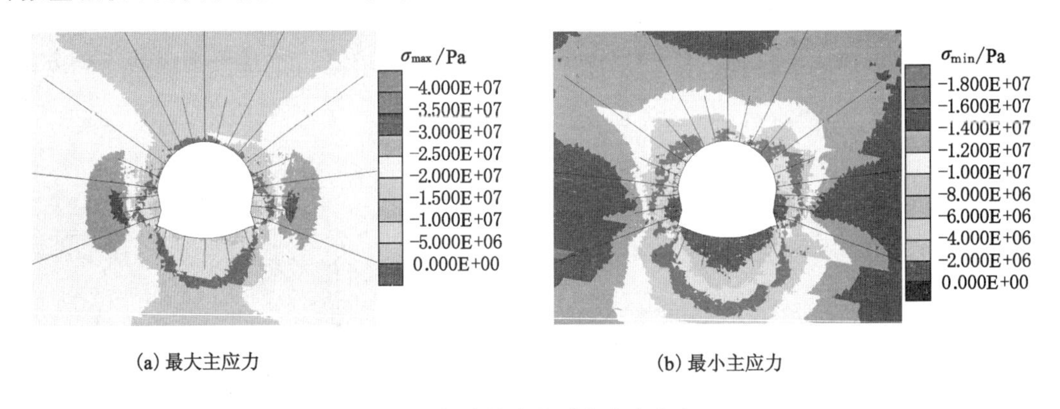

(a) 最大主应力　　(b) 最小主应力

图 5-17　新支护方案时主应力分布

由位移矢量图 5-19 可知：采用新支护方案后，巷道围岩变形量明显减小，变形趋势也更均匀，没有出现明显的大变形及片帮。此时除两帮中部偏下位置变形量略大外，其余区域变形量均在 200 mm 以内，尤其底鼓现象得到了有效控制。根据布置在巷道顶底板中部及两帮中部的测线上的数据，分别提取顶底板及两帮围岩不同深度处的垂直位移和水平位移，并将巷道 3 种支护状态下 4 条测线的位移曲线绘制在图 5-20 中，可以看出：新支护方案时 4 条测线上的最大围岩变形量均控制在 100 mm 左右，处于合理的变形范围之内，相比之前的支护方案下降明显，能够满足巷道长期稳定使用要求。

5.1.4.4　现场应用效果

为了验证新支护方式的合理有效性，在回风石门掘进期间，对巷道围岩变形进行了观测和记录，共设置表面收敛变形监测断面 7 个，如图 5-1 所示。其中 2# 及 5# 的巷道围岩变形

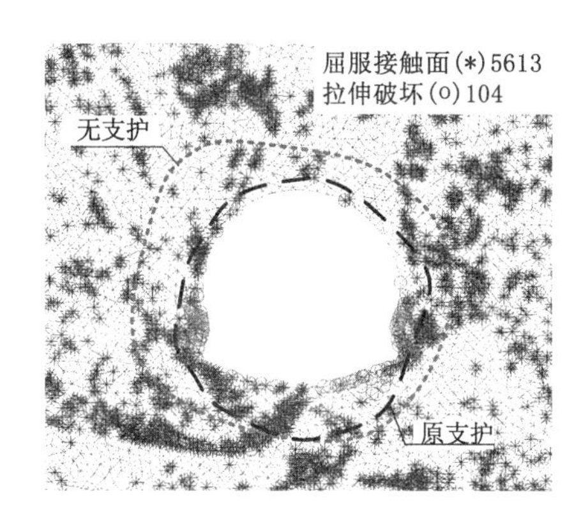

图 5-18　3 种方案时塑性区分布及拉破坏区域对比

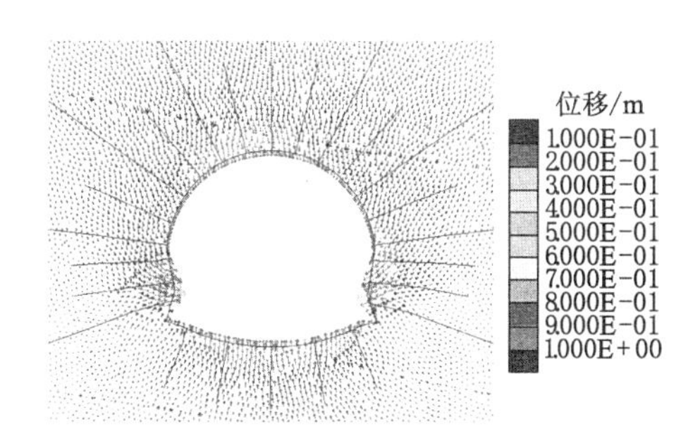

图 5-19　新支护方案下巷道围岩位移矢量图

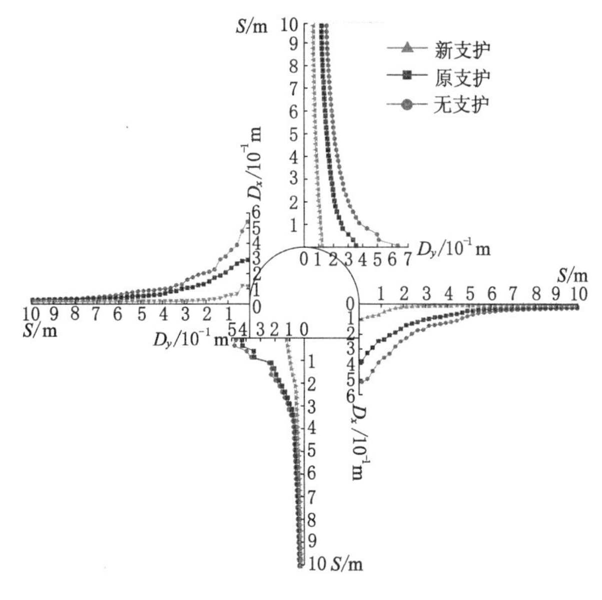

D_x—水平位移；D_y—垂直位移；S—距巷道表面距离。

图 5-20　3 种支护状态下巷道围岩位移控制效果对比

的监测曲线如图 5-21 所示。可以将围岩变形过程分为 2 个阶段。(1) 活跃期。在掘进后 40 d 内,围岩变形速度较快,说明巷道围岩处于活跃状态。(2) 平稳期。在掘进 40 d 后,围岩变形处于稳定状态,巷道变形逐渐稳定。巷道两帮移近量最大为 120 mm 左右,顶板下沉量为 60 mm,底鼓量为 40 mm。围岩变形量处于较合理的范围之内,说明新支护有效控制了巷道的大变形,巷道修复前后如图 5-22 所示。

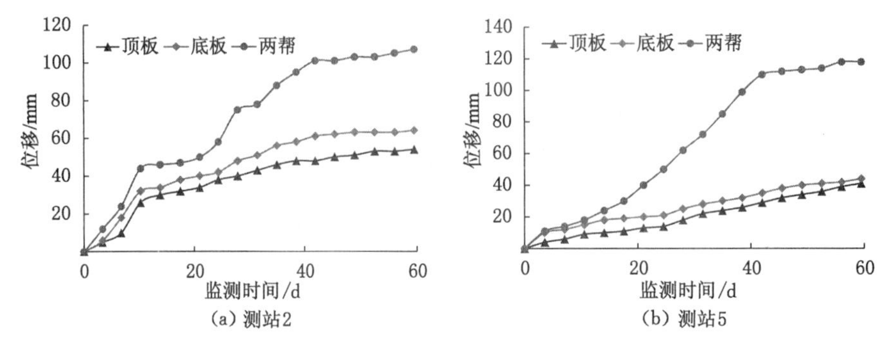

图 5-21 回风石门表面位移监测结果

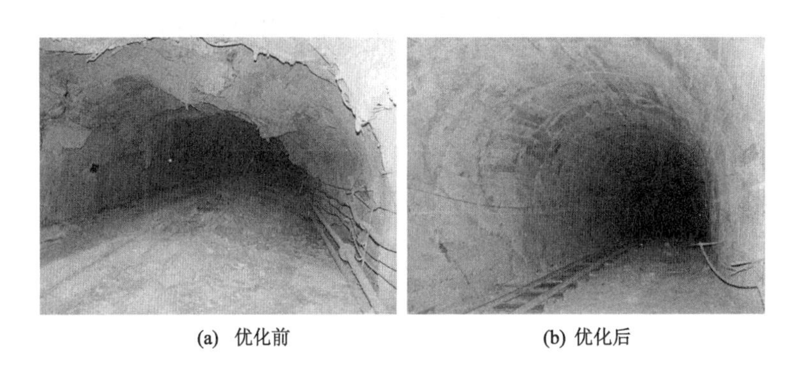

图 5-22 支护方案优化前、后效果对比

5.2 深部破碎顶板巷道稳定性分析及控制

5.2.1 唐阳煤矿深部运输巷道工程背景

5.2.1.1 巷道工程概况

唐阳煤矿位于山东省济宁市北部,2313 运输巷道布置示意图如图 5-23 所示。3# 煤层厚度为 4.8～5.8 m,埋深为 658～685 m,煤层基本水平,煤层柱状图如图 5-24 所示。2313 运输巷道沿 3# 煤层底板发展,矩形巷道宽 3 800 mm、高 3 100 mm。3# 煤层顶板为泥岩,底板为砂质泥岩,相对稳定,顶煤厚度约 3 m。

原 2310 采区巷道支护设计采用锚杆支护,但顶板和两帮发生了严重的变形破坏。特别是遇到断层时,顶板冒落、两帮片帮、底鼓和支护结构破坏同时发生。因此,原有的支护体系无法控制围岩的变形破坏,而巷道的修复将严重影响产能。

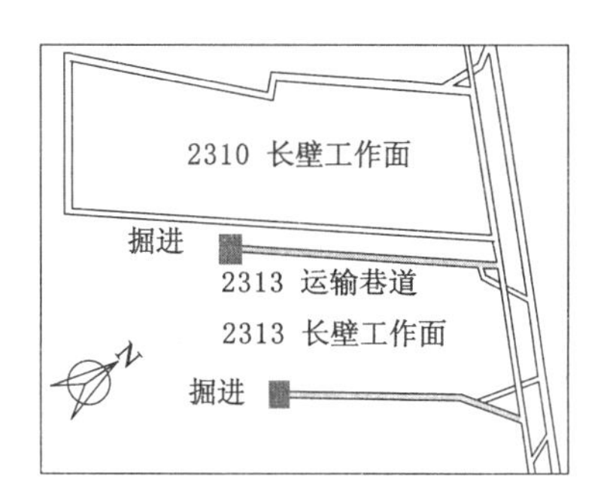

图 5-23 2313 运输巷道位置

柱状图	岩性	厚度/m	岩性描述
	砂岩	14.1	浅灰色，巨厚层状，粗砂结构，以石英为主，方解石胶结，坚硬
	泥岩	1.5	深灰色，泥质结构，断裂不均匀，含有大量植物根化石
	3#煤	4.8~5.8 5.5	黑色，玻璃光泽，带状结构，以亮煤为主，少量暗煤
	砂质泥岩	2.8	灰色，厚层状，泥质结构，扁平断裂，含黄铁矿结节或植物碎屑化石
	砂岩	5.5	灰白色，细砂结构，主要以石英长石为主，裂缝发育，硅质胶结

图 5-24 2313 运输巷道岩层及地质描述

(a) 砂岩试件

(b) 单轴压缩试验

(c) 剪切试验

(d) 巴西劈裂试验

图 5-25 顶板砂岩试验结果

5.2.1.2 围岩力学参数

围岩性质对岩石工程的稳定性有很大的影响。为了更好地了解巷道围岩情况，对 2313 运输巷道顶板岩样、煤、底板岩样进行了单轴压缩试验、巴西劈裂试验和剪切试验，获得了围岩性能参数。巷道顶板砂岩试件试验结果见图 5-25，围岩试件物理力学参数见表 5-7。

表 5-7 唐阳煤矿岩样物理力学参数

岩性	抗压强度/MPa	抗拉强度/MPa	弹性模量/GPa	泊松比	密度/(g/cm³)	黏聚力/MPa	内摩擦角/(°)
砂岩	45.77	9.90	8.21	0.22	2.56	10.19	39
泥岩	12.95	2.10	3.14	0.35	2.43	6.31	37
煤	10.79	1.28	0.60	0.24	1.67	3.51	42
砂质泥岩	19.12	1.60	4.50	0.25	2.32	4.75	38

5.2.1.3 钻孔电视窥视

为了进一步探讨巷道上方围岩的破坏特征，采用钻孔电视探测技术对顶板地层的破坏特征进行了探测。图 5-26 给出了检测方案和用于检测的设备。利用连杆将摄像机探测器缓慢插入钻孔，获取不同深度的内部围岩图像，并利用连杆记录摄像机探测器的位置。

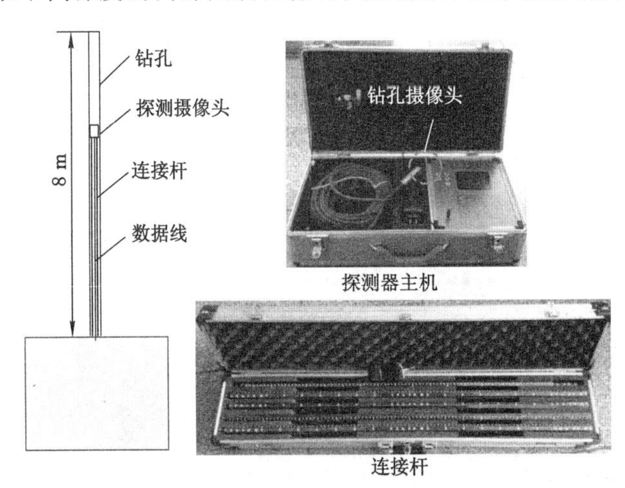

图 5-26 探测方案及设备

钻孔电视探测器获得的裂缝特征如图 5-27 所示。钻孔电视探测结果表明：顶板煤体相对破碎，完整煤体与破碎煤体交替出现。部分裂缝从煤体延伸至上部泥岩和砂岩，并随着深度增加逐渐消失。这种现象说明现有的锚杆支护方案无法控制围岩的变形，特别是在浅顶煤体破碎严重的情况下，难以保证其稳定性。

5.2.1.4 岩体性质

围岩是一种复杂的地质体，由完整的岩石和许多不同尺度的不连续面(如节理、层理面、断层)组成，与完整岩石的力学性质有很大的不同。因此，在进行数值模拟之前，必须对实验

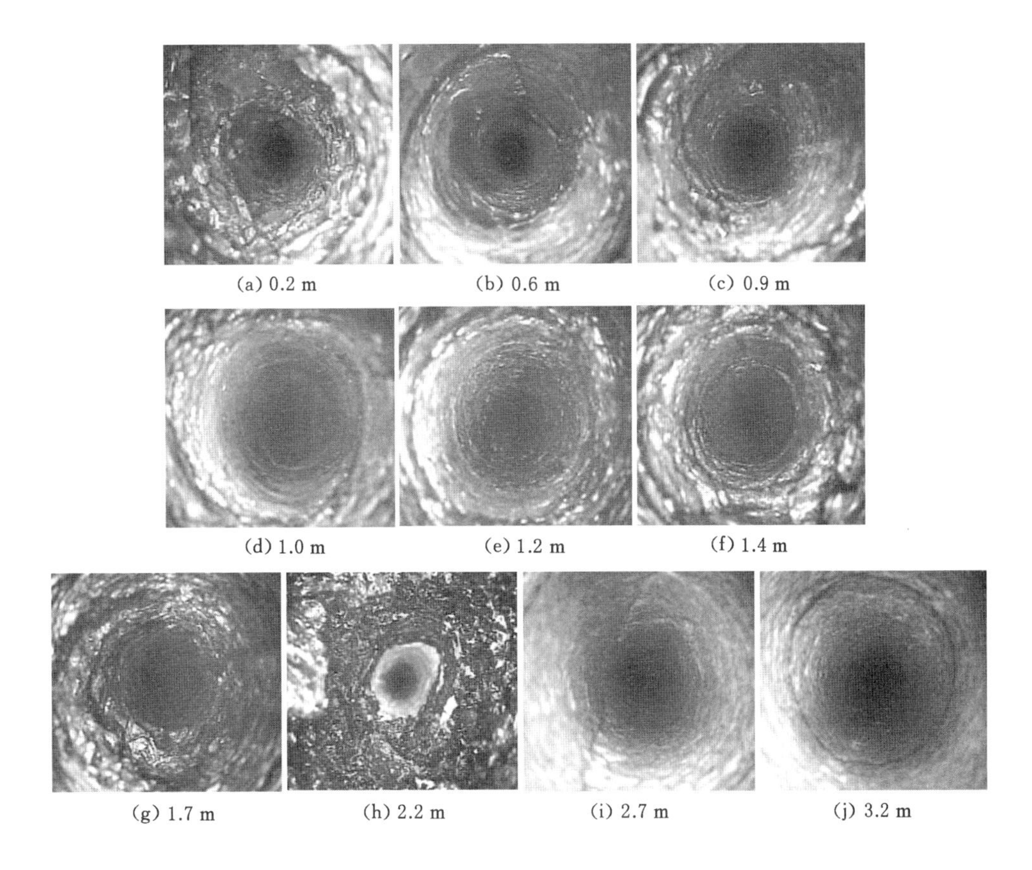

图 5-27　巷道顶板的钻孔电视观测结果

室试验获得的岩样特性进行校准。

L. Y. Zhang 等[190]通过分析实验室数据和现场数据，提出了岩石分类指标 RQD 与完整岩石变形模量(E_r)和大型岩体变形模量(E_m)比值的关系。计算得到岩体的变形模量 $E_m = (10^{0.0186RQD} - 1.91) \cdot E_r$。以完整岩石的抗压强度($\sigma_n$)为基础，由 M. Singh 等[191]提出的经验公式 $\sigma_m = \sigma_r \cdot (E_m/E_r)^n$ 得出岩体的抗压强度(σ_m)，其中 $n=0.63$。标定后的岩体性质见表 5-8。

表 5-8　完整岩石与计算得到的岩体性质

岩性	岩石试件		RQD	岩体	
	E_r/GPa	σ_r/MPa		E_m/GPa	σ_m/MPa
砂岩	8.21	45.8	84	3.69	27.64
泥岩	3.14	13.0	52	0.36	3.30
煤	0.67	10.8	48	0.06	2.47
砂质泥岩	4.56	19.1	72	1.23	8.35

5.2.2 深部破碎顶板巷道离散元数值模型的建立

本模拟中块体采用弹性本构模型,接触面采用库仑滑移模型,通过一系列模拟压缩试验标定了相关微观参数。模拟的应力-应变关系曲线及破坏模式如图 5-28 所示,最终标定的各岩层微观参数汇总见表 5-9。

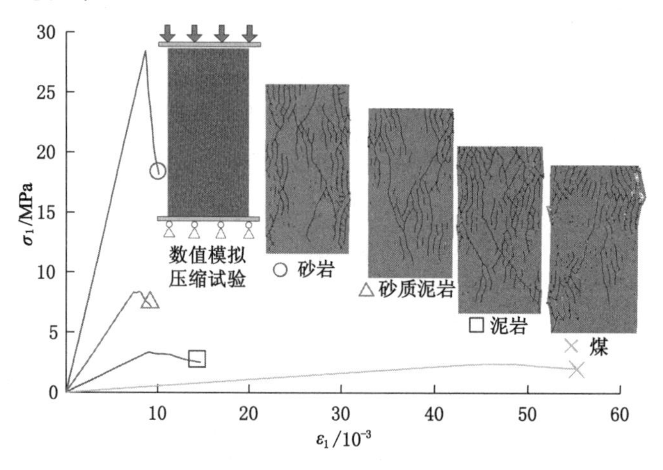

图 5-28　模拟单轴压缩试验、破坏模式和应力-应变关系曲线

表 5-9　模型岩层细观力学参数

岩性	块体参数			接触面参数				
	密度/(kg/m³)	体积模量/GPa	剪切模量/GPa	法向刚度/(GPa/m)	剪切刚度/(GPa/m)	内摩擦角/(°)	黏结强度/MPa	抗拉强度/MPa
砂岩	2 560	2.20	1.51	188.4	75.4	39	9.0	0.9
泥岩	2 430	0.40	0.13	28.3	11.3	37	1.2	0.12
煤	1 670	0.38	0.02	3.2	1.3	42	0.9	0.09
砂质泥岩	2 320	0.82	0.492	67.3	26.9	38	3.0	0.3

根据地质资料和标定的微观参数,利用 UDEC 软件建立 30 m×25.3 m 数值模型,如图 5-29 所示。为了提高计算效率,仅在开挖影响区域范围内(19.8 m×9.8 m)生成平均长度为0.35 m 的小块体。其余块体为矩形块体,更适合模拟岩层。模型顶部施加竖向应力 16.5 MPa,模拟覆岩压力,模型两侧边界的水平位移和底部的垂直位移采用固定边界条件。

由于原支护方案不能有效控制巷道变形,巷道出现了顶板下沉、侧缩等不均匀变形。因此,本书首先模拟无支护巷道的开挖过程,揭示深部巷道围岩的破坏机理。首先对数值模型进行平衡,使其产生初始应力状态,然后删除指定区域的块体,模拟巷道的开挖情况。此外,在巷道表面施加逐渐减小的应力[图 5-29(b)],模拟实际开挖工程中的应力变化过程,应力释放路径如图 5-29(c)所示。

5.2.3 深部破碎顶板巷道变形破坏过程分析

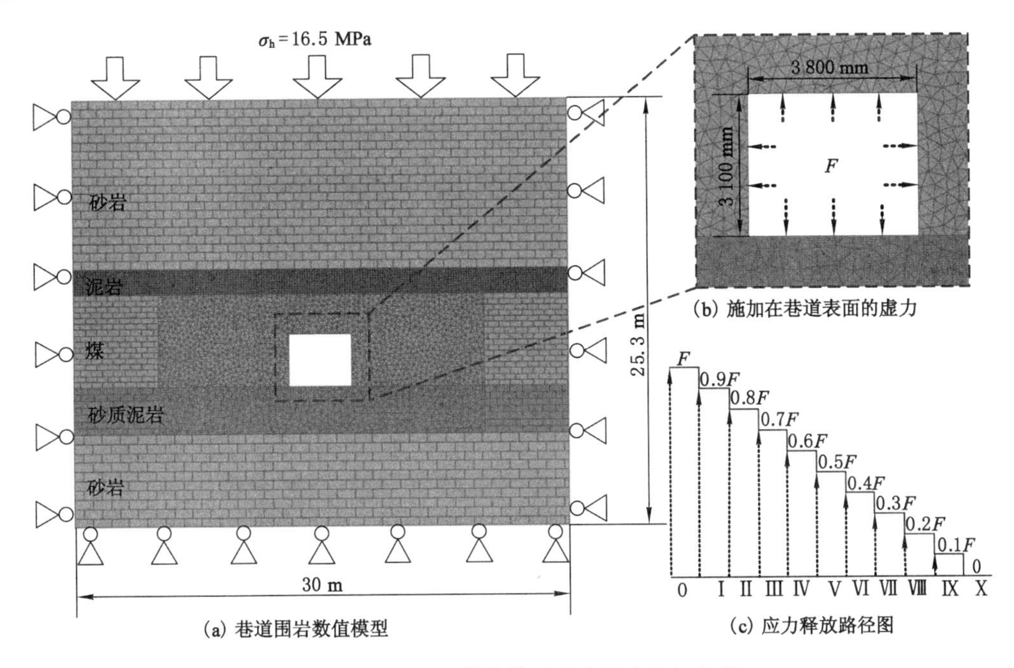

图 5-29 UDEC 数值模型及虚拟力施加方案

5.2.3.1 破裂过程

许多岩石工程事故表明围岩的破坏往往由外力作用下岩体内部裂纹的逐渐萌生扩展搭接导致岩体承载能力的削弱所致。为了进一步揭示巷道围岩的破坏机理,对巷道顶板和侧壁的破裂过程进行了分析。

图 5-30 为模拟得到的巷道顶板破坏过程。受高地应力和开挖卸压作用,围岩内部裂纹萌生、扩展和贯通。开裂过程表明顶板的破坏是一个渐进的过程。由于直角受力状态较差,裂纹首先出现在应力集中的巷道转角处。随着偏应力的增大,浅层围岩中出现的裂缝数量增加,且边角处的裂缝扩展至深处并相互贯通。在此过程中浅层岩体逐渐破碎,裂隙带内岩体的承载能力显著降低。顶板裂隙向顶煤深部扩展时,承载结构向深部转移,裂隙贯通时浅层煤体与深部煤体出现离层。最后,分离的煤体由于自重而下落,发生冒顶现象。

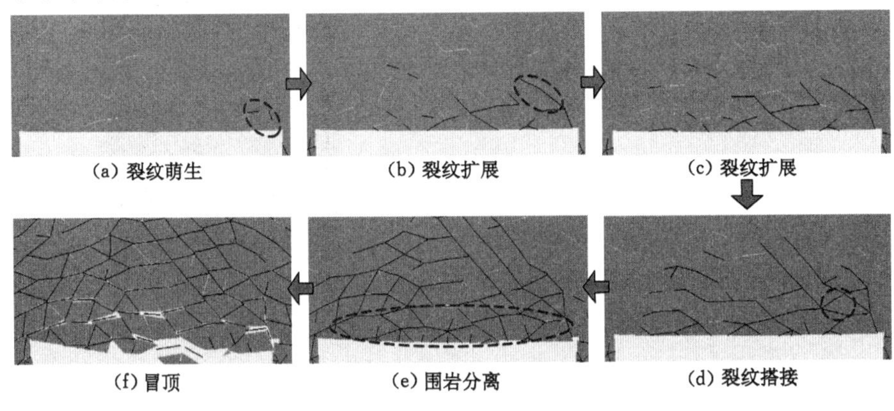

图 5-30 巷道顶板破坏过程

图 5-31 为巷道侧壁逐渐开裂的过程。与顶板的开裂过程类似,裂缝也从巷道转角处开始,以拱形拓展至深部围岩。随着裂隙在煤体内部不断扩展和贯通,在内部挤压力的作用下,浅层煤开始与围岩分离,如果不施加足够的支护阻力,最终会导致片帮破坏。

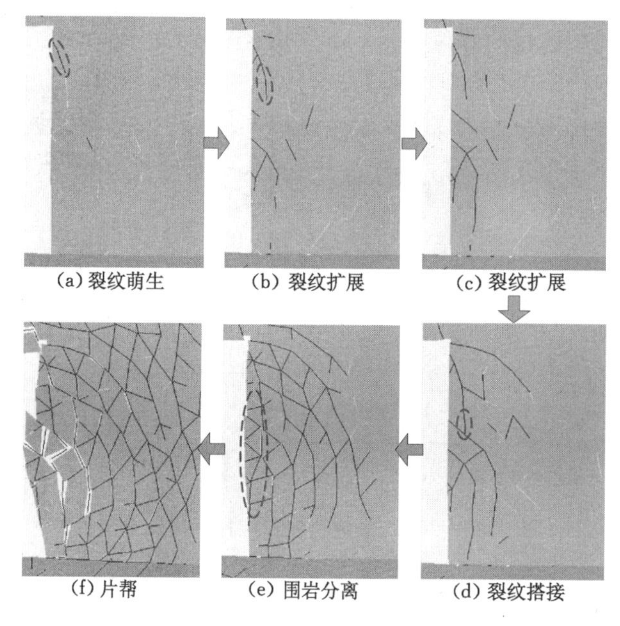

图 5-31　巷道两帮破坏过程

图 5-32 为模拟结果与现场观测的巷道破坏形态对比。可以看出:UDEC 能够模拟现场巷道的主要破坏模式,包括顶板下沉和两帮内挤。模拟结果与现场观测结果吻合较好,证明了数值模型中标定的岩层微观参数是合理的。

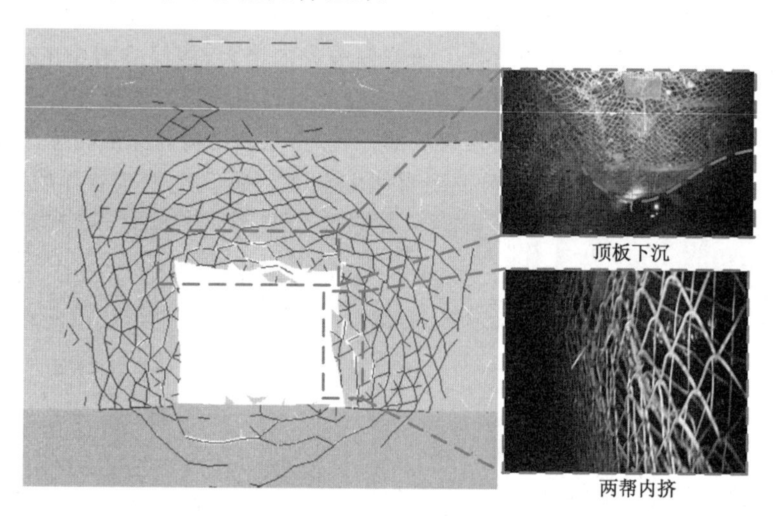

图 5-32　数值模拟和现场观测的巷道破坏模式

巷道开挖后,周围岩体卸载破坏,进一步的断裂导致围岩中应力重分布,巷道围岩应力分布如图 5-33 所示。由图 5-33(a)可以看出:巷道周围出现了大面积的应力松弛,主要包括如图 5-32 所示的破碎围岩区域。同时,浅层岩石处于拉张状态[图 5-33(b)],导致围岩碎裂、膨胀、分离。

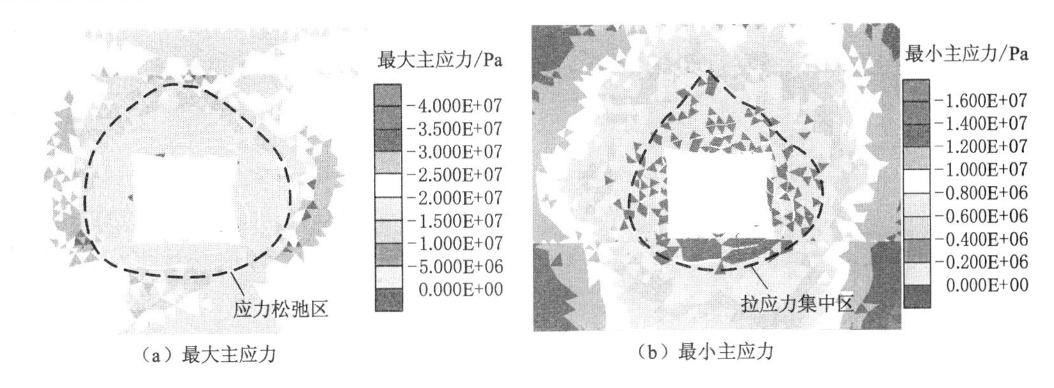

(a) 最大主应力　　(b) 最小主应力

图 5-33 巷道周围的主应力分布

5.2.3.2 位移分析

图 5-34 为模拟得到的巷道围岩位移矢量图。由图 5-34 可知:巷道发生了严重破坏,主要表现为两帮片帮和顶板下沉。此外,由于 UDEC 块体的不均匀分布,在围岩中观察到非对称变形模式,右侧变形略大于左侧变形。

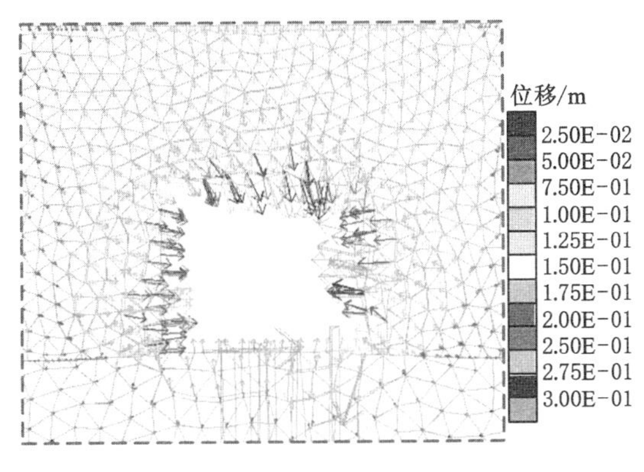

图 5-34 无支撑巷道模拟位移矢量图

在顶板中部和右侧设置两条监测线记录围岩位移,监测点间距为 1 m,监测线长度分别为 8 m 和 6 m。图 5-35 为测线布置图和监测结果,可知开挖后巷道内部位移持续增加,但增长速度各阶段有所不同。在应力释放的最初 9 个阶段,变形速率缓慢而稳定。当虚拟支撑应力完全释放后变形速率显著增大。但是巷道围岩在不同深度和位置的位移规律存在明显差异,最终顶板围岩主要变形区域范围在 3 m 以内,而两帮变形较集中,在 1 m 以内的较小范围内。

5.2.4 深部破碎顶板巷道顶板稳定性控制技术方案及现场实践

5.2.4.1 支护参数

通过对上述数值结果的分析,可以看出 2313 运输巷道的主要破坏形式为顶板下沉和两帮内挤,这是因为受开挖卸压影响,浅部围岩破碎严重,简单的锚杆支护体系无法有效控制

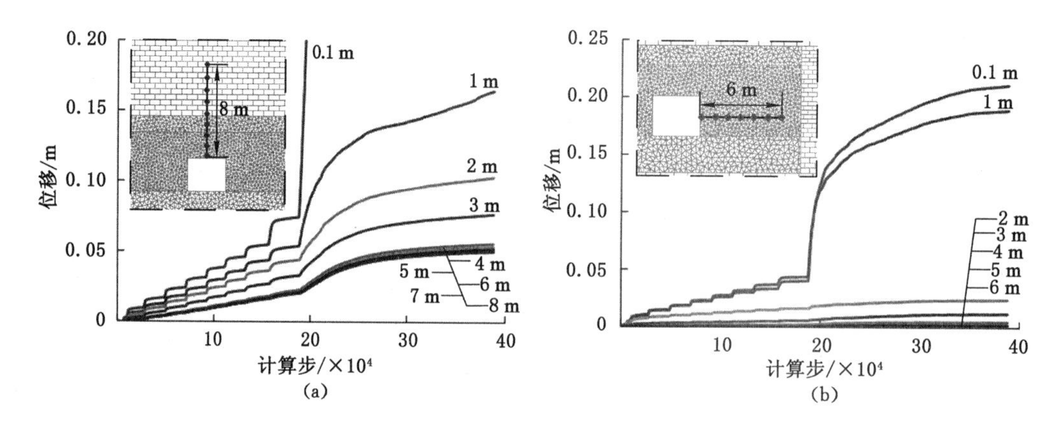

图 5-35 顶板和右帮巷道围岩变形规律

大变形。为了有效控制唐阳矿巷道围岩变形，提出了强锚杆（索）支护、金属网、钢筋梯加固的联合控制技术。

采用 5 根 ϕ18 mm×2 200 mm 和 4 根 ϕ18 mm×2 200 mm 的螺纹钢锚杆分别支护顶板和两帮。顶板和两帮锚杆的排、间距均为 850 mm×900 mm；采用 2 根 ϕ17.8 mm×6 000 mm 锚索加强顶板支护，锚索距顶板中线 950 mm，锚索排、间距设置为 1 900 mm×1 800 mm。每根锚杆和锚索与钢托盘一起安装，尺寸分别为 150 mm×150 mm×8 mm 和 300 mm×300 mm×12 mm；采用 1 根 3 600 mm×100 mm×14 mm 尺寸的钢筋梯来连接顶板的锚杆及锚索，分别对锚杆及锚索施加 50 kN 和 80 kN 的预应力；煤体表面用金属网保护。图 5-36 展示了详细的支护参数。

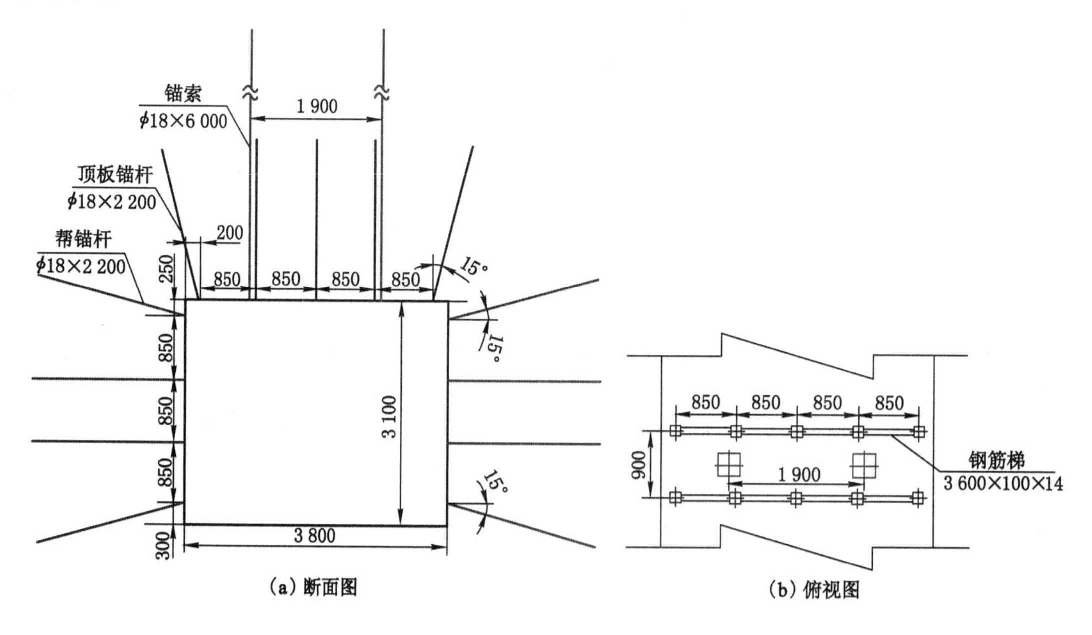

图 5-36 2313 运输巷道联合支护系统示意图（单位：mm）

5.2.4.2 数值模拟验证

采用UDEC验证联合支护方案对围岩的控制效果，使用的支护构件参数见表5-10。

图5-37为采用联合支护方案时巷道的位移监测数据，可以看出开挖后变形逐渐减缓并趋于稳定。与没有支护的巷道相比，顶板位移得到了很好的控制，顶板未发生坍塌破坏，帮部位移减小了71%，为0.06 m。控制效果良好，验证了支撑系统的合理性。

表5-10 支护结构的模拟参数

	密度/(kg/m³)	弹性模量/GPa	破断力/kN	黏结刚度/(N/m)	黏结强度/(N/m²)	预应力/kN
锚杆	7 500	200	200	2×10^9	4×10^5	50
锚索	7 500	200	300	2×10^9	4×10^5	80
	密度/(kg/m³)	弹性模量/GPa	抗拉强度/MPa	接触面法向刚度/(GPa/m)	接触面切向刚度/(GPa/m)	
钢筋梯	7 500	200	400	10	10	
金属网	7 500	200	100	5	5	

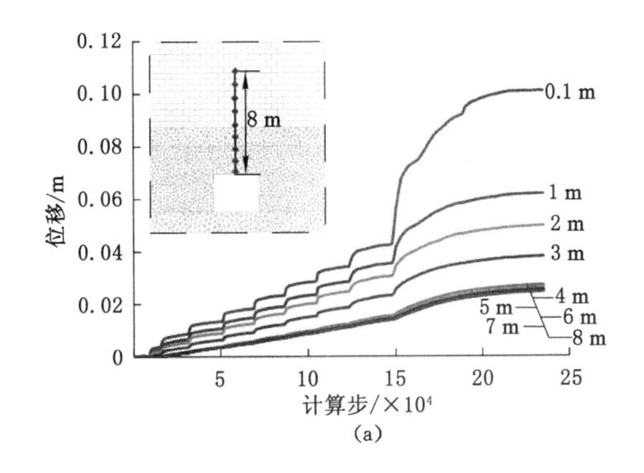

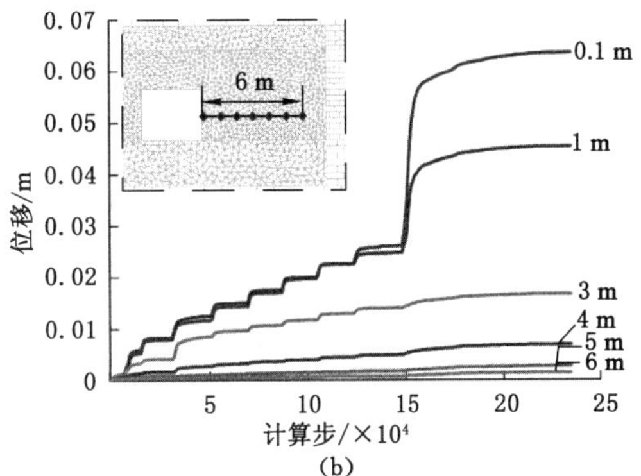

图5-37 模拟支护巷道的位移演化规律

图5-38为钻孔电视与模拟得到的联合支护方案下巷道裂隙分布对比图，可以看出巷道周围围岩的裂隙区明显减小，尤其是顶煤中裂隙区未扩展至泥岩层。这说明锚索的高承载能力调动提高了深部围岩的承载能力，从而增强了顶煤的稳定性。图中还给出了支护构件的轴力状态，可知在围岩变形作用下，支护单元均处于张拉状态，需要注意的是墙角处的锚杆易受剪切破坏。

5.2.4.3 工程实践

为验证新支护方案的合理性，在2313工作面输送巷道进行了现场试验，并设置了2个监测站。监测内容包括巷道表面位移、顶板离层和锚杆锚索受力情况。在2313巷道开挖过程中，在锚杆(锚索)托盘和螺母之间安装了力传感器。在巷道断面分别选取1根锚索和2根锚杆进行受力监测，传感器布置如图5-39(a)所示，监测结果如图5-39(b)所示。巷道掘

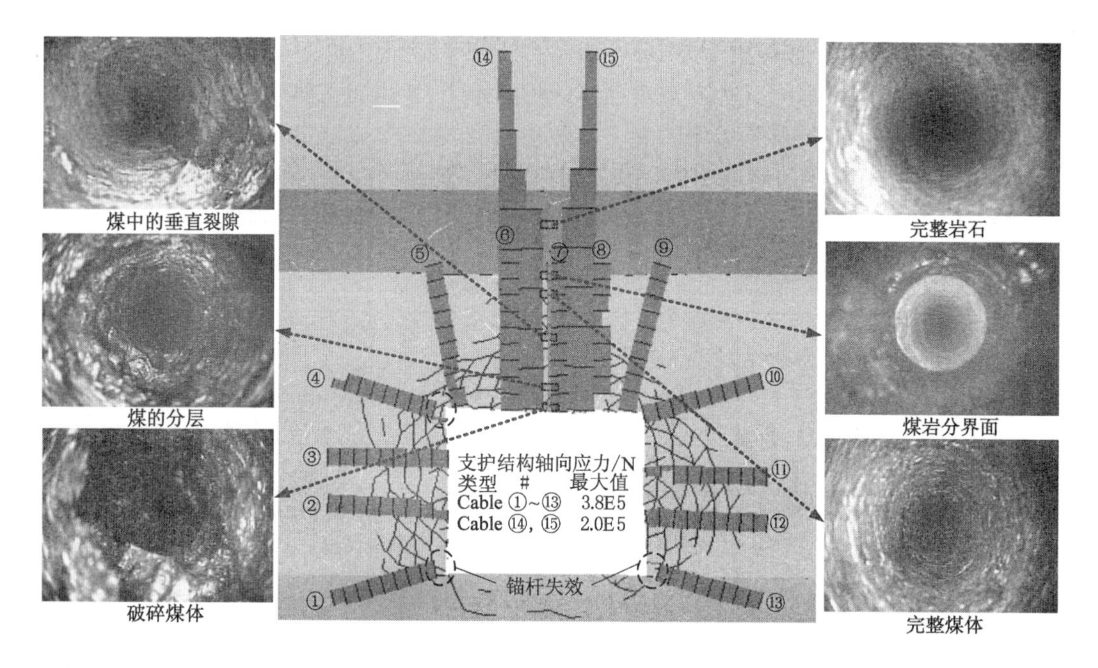

图 5-38 围岩实测、模拟裂隙特征对比及支护结构受力状态

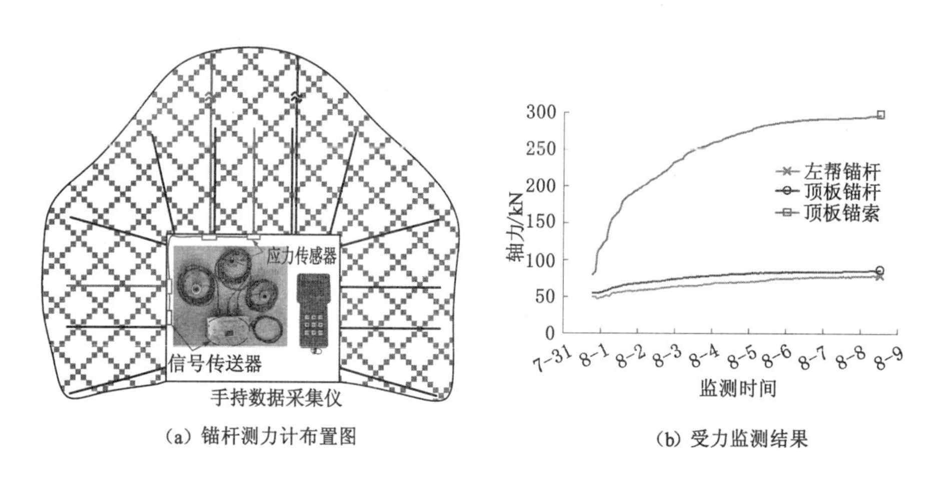

图 5-39 锚杆(索)受力监测

进时,锚杆受力先持续增大后趋于稳定,从初始预紧力值以约 3.8 kN/d 的速率增大到约 86 kN。与锚杆相比,锚索的增大速率大得多。锚索受力从初始预紧力值增大到 297 kN,速率约为 24 kN/d,表明锚索能通过将软弱的下部岩层悬挂在上部完整岩层上,提高锚固系统的锚固效果,具有较高的承载能力。

图 5-40 为采用十字交叉点法监测的 2313 运输巷道地表位移监测数据,可以看出:巷道位移先以较快的速度增长,然后放缓,最后趋于稳定。顶板、底板和两帮的最终位移分别为 110 mm、40 mm 和 100 mm。

采用多点位移计监测了巷道内部位移,顶板 2 个基点分别位于顶板上方 2 m 和 8 m 处,而帮部 2 个基点分别位于离巷道侧壁 1.5 m 和 6 m 处,监测结果如图 5-41 所示。顶板和两

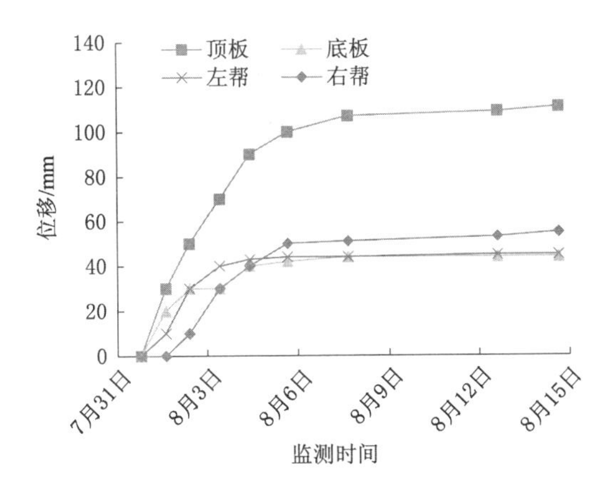

图 5-40 巷道地表位移监测图

帮内部围岩位移分别在 12 d 和 5 d 后开始加速增大，然后放缓，最后基本保持不变。围岩内部位移在顶板和两帮也存在差异，其中顶板离层主要集中在离顶板 2 m 以上，而侧壁离层主要集中在离顶板 1.5 m 以内，说明损伤集中在浅层围岩。煤体内部的变形规律与模拟结果如图 5-38 所示具有相同的变化趋势，这也验证了 UDEC 模拟的可行性。

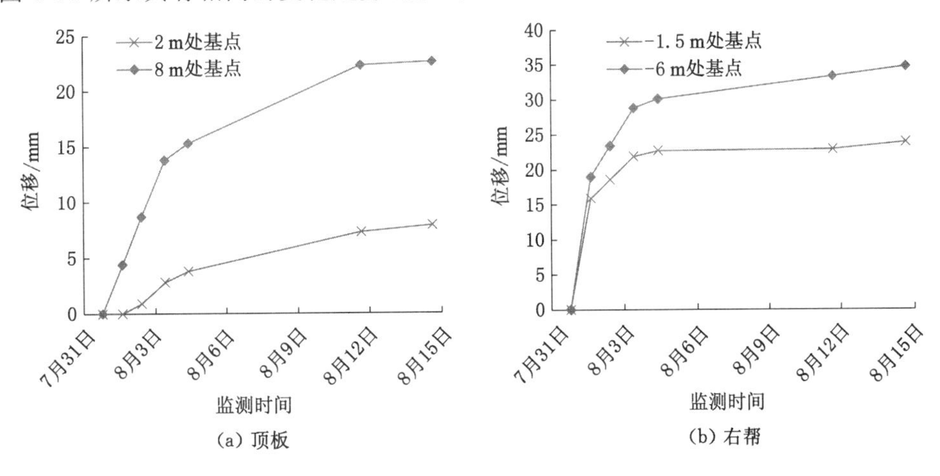

(a) 顶板 (b) 右帮

图 5-41 巷道围岩位移监测

5.3 本章小结

以新安煤矿软弱破碎围岩巷道和唐阳煤矿破碎顶板巷道为工程背景，基于室内试验数据及现场围岩质量分类指标对岩体参数进行了校核，采用块体离散元软件 UDEC 标定了模拟中所需的微观参数，并建立了大尺度的巷道围岩数值模型，通过控制应力释放率的方式模拟巷道开挖，揭示了巷道开挖所引起的位移场、应力场、塑性区及裂纹演化特征，在分析巷道破坏规律的基础上，提出高预应力强力支护方案，模拟及工程实践表明新方案能够有效控制围岩的变形，可为深部软弱破碎围岩巷道的稳定性控制提供借鉴和参考，得到的主要结论如下：

(1) 基于完整岩块的室内力学参数，并结合现场获取的GSI或RQD数据，对岩体参数进行校核，采用块体离散元软件UDEC建立单轴压缩模拟试验，并对数值模拟中所需的细观参数进行标定。基于标定所得的岩层微观参数，建立深部巷道的数值模型。并通过控制应力释放率，模拟得到了无支护及原支护下的开挖引起的深部软岩破碎巷道破坏过程。

(2) 初步揭示了深部高应力巷道失稳机制：巷道开挖后，在高地应力作用下巷道表面围岩首先发生破坏，随着应力不断释放，破坏范围向围岩深部发展，导致巷道围岩产生了较大的应力松弛区；同时浅部围岩出现大面积的张拉破坏，围岩出现碎涨和离层。原支护预应力小，强度弱，无法及时有效控制围岩的张拉离层破坏，导致巷道出现大变形破坏现象。

(3) 在破坏机制分析的基础上从改善围岩应力状态和增加支护强度的策略上，提出了断面优化和联合支护技术，并在数值模拟中检验了新支护的支护效果。并在现场进行了工业性试验，监测结果表明该方案对深埋破碎围岩巷道大变形的控制是有效的，可为深部破碎围岩巷道稳定控制提供借鉴和参考。

第 6 章　主要结论与研究展望

6.1　主要结论

本书以深部巷道工程节理围岩为研究对象，采用室内试验、数值模拟、理论分析及现场实践相结合的研究方法，对含断续节理岩体的破裂演化特征和锚固止裂效应进行了系统研究，主要结论如下：

（1）断续节理岩体的力学性质及破裂演化特征

① 断续节理岩体的力学性质主要受节理组倾角影响。试件的峰值强度、起裂应力（$\alpha=90°$除外）和弹性模量随节理组倾角从 0°增大到 90°时均呈现先减小后增大的非线性变化规律，其中峰值强度及弹性模量在 30°时取最小值，试件的起裂应力则是 45°节理组倾角试件为最低。

② 含断续节理组试件（$\alpha=90°$除外）的损伤破坏呈现明显的局部化渐进式破坏过程。裂纹一般首先萌生于靠近试件端面的预制节理尖端，峰值前裂纹的扩展及贯通主要集中于节理区域内部。当节理区域内裂纹的搭接贯通所引起的核心承载结构损伤达到一定程度之后，由节理区域延展出的裂纹在外荷载作用下迅速与试件自由面贯通，进而引起试件的整体失稳破坏。

③ 节理组倾角控制着相邻节理间的裂纹贯通类型和最终的破坏模式。随着节理组倾角增大，裂纹贯通模式逐渐由小倾角时的节理法向间的翼裂纹搭接模式逐渐变为大倾角时的节理倾向上的剪切裂纹搭接模式。从 $\alpha=0°$到 $\alpha=90°$一共有五类破坏模式：穿过节理平面的张拉破坏、新生块体的转动破坏、混合破坏、沿节理面剪切破坏和整体劈裂破坏。

（2）锚固方式及预应力对断续节理试件力学响应的影响规律

① 全长锚固锚杆能显著改善锚固体的力学性质，无论峰值强度还是弹性模量，均有不同程度的提高；端锚无预应力锚杆则由于低预应力导致的支护滞后性和锚杆孔的弱化作用，其峰值强度及弹性模量较无锚试件基本均有所弱化，两种不同锚固方式作用下的锚固体峰后脆性跌落现象均有显著改善。加锚节理试件的峰后应力-应变关系曲线可分为五种类型：峰值跌落至屈服平台后应变软化、峰值跌落至屈服平台后应变硬化、屈服后应变硬化、阶梯形应变软化、单峰值跌落。

② 增大锚杆预应力能够提高断续节理锚固体的强度和弹性模量，且锚固体的峰后曲线下降幅度逐渐减小，锚固体的峰后力学特征表现出由脆性向延性转变的趋势。部分节理组倾角情况下应力-应变关系曲线在峰后加载过程中出现再次上升趋势，即呈应变强化特性，且在高预应力作用下，$\alpha=30°$及 $\alpha=45°$锚固体的二次峰值高于初次峰值强度。

③ 除 $\alpha=90°$试件外，加锚试件的脆性指标相比于无锚试件均有大幅降低，且随着预应

力的增大,锚固体的脆性指标逐渐降低。锚固体的峰后脆性指标对锚杆有无预应力较为敏感。而随着预应力的增大,对于小角度(0°和 15°)及大角度(60°和 75°)节理组倾角试件,继续增大预应力,锚固体的峰后脆性指标降低有限。而对于 $\alpha=30^\circ$ 和 $\alpha=45^\circ$ 锚固体,继续增大预应力时,锚固体的峰后脆性指标仍可继续降低。

(3) 锚杆对断续节理岩体的锚固止裂机理

① 锚杆对于断续节理岩体表面的应变场演变影响具有一定的阶段性。加载初期,锚杆能够改善预制节理周边的应变集中程度,推迟应变局部化带的出现时间,进而增大裂纹的起裂难度。随着荷载的持续增大,锚杆能在一定程度上抑制应变集中带在节理间岩桥区域的融合,从而降低了因裂纹贯通所引起的试件承载结构损伤。且锚杆预应力越高,抑制应变局部化带扩展和搭接的能力越强,这正是锚杆起到加固止裂作用的主要原因。

② 采用 X 射线 CT 扫描系统结合三维可视化软件 Avizo 完成了试件内部的三维破裂面结构模型重构。研究结果表明:预应力的增大对拉裂纹的扩展限制作用明显,并促进裂纹贯通模式由拉裂纹贯通向次生剪切裂纹贯通转变,加锚节理岩体的整体破坏模式向剪切破坏模式转变。受预应力锚杆作用和锚杆孔影响,加锚试件各个切片位置的裂纹模式并不完全一致,试件两侧出现楔形块体挤压破坏,内部开始出现穿锚杆孔的侧向破裂面。

③ 含断续节理锚固体的锚杆轴力演化过程可分为四个阶段:锚杆轴力峰前缓慢升高阶段、轴力峰值附近快速升高阶段、轴力峰后加速升高阶段以及轴力峰后波动阶段,分别对应锚固体的峰前损伤积累期、锚固体峰值破坏期、锚固体峰后承载结构重塑期和锚固体峰后失效期。小节理组倾角下的锚杆初期轴力增大速率高于大倾角节理组试件,且锚固体的峰后承载结构稳定性随预应力的增大而增强。

(4) 深部软弱破碎围岩的高预应力强力支护技术

① 以新安煤矿回风石门和唐阳煤矿 2313 运输巷道为工程背景,基于完整岩块的室内力学参数,结合现场获取的 GSI 数据或 RQD 数据,对工程岩体参数进行校核,采用块体离散元软件 UDEC 建立单轴压缩模拟试验,并对数值模拟中所需的微观参数进行标定。基于标定所得的岩层细观参数,建立深部巷道的离散元数值模型。通过控制应力释放率,模拟了无支护及原支护下的深部巷道开挖后的破坏过程。

② 初步揭示了煤矿深部高应力巷道失稳的机制:巷道开挖后,在高地应力作用下巷道表面围岩首先破坏,随着应力不断释放,裂纹破坏范围逐渐向围岩深部发展,导致巷道围岩产生了较大的应力松弛区;同时浅部围岩出现大面积的张拉破坏,围岩出现碎涨和离层。原支护预应力小,强度低,无法及时有效控制围岩的张拉离层破坏,导致巷道大变形破坏。

③ 在分析破坏机制的基础上,从改善围岩应力状态和增大支护强度的策略上,针对性地提出了联合支护技术,并在数值模拟中检验了新支护的支护效果。并在现场进行了工业性试验,监测结果表明该方案对深埋巷道大变形的控制是有效的,可以为深部破碎围岩巷道稳定性控制提供借鉴和参考。

6.2 研究展望

对节理岩体的强度变形特性和锚固止裂效应的研究,对于保证岩体工程的安全稳定运行具有重要意义。本书采用室内试验、数值模拟及现场实践等方法针对断续节理岩体的变形破裂问题和锚固控制机理开展了一系列研究工作，研究结论对地下岩土工程围岩的稳定性控制具有一定的理论意义和参考价值。但深部节理岩体的破裂演化和锚固机制十分复杂，涉及围岩-裂隙-应力环境-锚杆结构多物理场耦合，限于笔者的研究水平、研究时间及试验条件，本书的研究工作尚有诸多不足之处有待进一步完善和丰富。

(1) 限于研究时间和试验条件，本书仅对单轴压缩状态下的含特定裂隙分布特征断续节理岩体的破裂演化和锚固机理进行了研究。而受地质条件和工程扰动，工程岩体往往赋存于复杂的应力环境中且岩体中的裂隙分布更具随机性和多样性。因此考虑围压作用、开挖卸荷、疲劳荷载及冲击荷载等复杂应力环境下的含不同裂隙分布形态的节理岩体破裂演化和锚固机理研究是后续研究工作的重要方向。

(2) 本书开展了一系列节理岩体加锚前后的力学性质及破裂演化的试验研究，并得到了一些初步结论。但这些关于锚固效应的结论还仅仅是定性的认识，如何定量、精确地描述锚杆对于节理岩体的锚固止裂效应仍需从理论解析方面进一步验证。

(3) 本书最后根据工程现场实际情况，采用UDEC建立了破碎围岩巷道的数值模型，模拟了开挖及支护作用下的围岩变形损伤演化过程。但是由于时间及条件限制，并未考虑围岩中裂隙分布对巷道变形破坏特征的影响，后续可以考虑根据工作面识别或采用地质雷达等物探技术获取围岩中的裂隙分布特征，并据此开展围岩中含不同产状随机节理(DFN)的巷道开挖和支护效果的数值模拟研究。

参考文献

[1] 王梦恕.21世纪我国隧道及地下空间发展的探讨[J].铁道科学与工程学报,2004,1(1):7-9.

[2] YANG S Q. Strength failure and crack evolution behavior of rock materials containing pre-existing fissures[M]. Berlin,Heidelberg:Springer Berlin Heidelberg,2015.

[3] ESTERHUIZEN G S, DOLINAR D R, ELLENBERGER J L. Pillar strength in underground stone mines in the United States[J]. International journal of rock mechanics and mining sciences,2011,48(1):42-50.

[4] 康红普,王金华,等.煤巷锚杆支护理论与成套技术[M].北京:煤炭工业出版社,2007.

[5] 秦昊.断续节理岩体锚固效应数值模拟方法研究[D].济南:山东大学,2010.

[6] 李术才,李明田,郭彦双,等.加锚断续节理岩体破坏机理及工程应用[M].北京:科学出版社,2010.

[7] 何满潮,景海河,孙晓明.软岩工程力学[M].北京:科学出版社,2002.

[8] 刘泉声,雷广峰,彭星新.深部裂隙岩体锚固机制研究进展与思考[J].岩石力学与工程学报,2016,35(2):312-332.

[9] 李宁,张平,陈蕴生.裂隙岩体试验研究进展与思考[C]//中国岩石力学与工程学会第七次学术大会论文集.西安:[出版者不详],2002.

[10] 张志强,李宁,陈方方,等.非贯通裂隙岩体破坏模式研究现状与思考[J].岩土力学,2009,30(增刊2):142-148.

[11] 刘刚,姜清辉,熊峰,等.多节理岩体裂纹扩展及变形破坏试验研究[J].岩土力学,2016,37(增刊1):151-158.

[12] LAJTAI E Z. Brittle fracture in compression[J]. International journal of fracture,1974,10(4):525-536.

[13] BOBET A. The initiation of secondary cracks in compression[J]. Engineering fracture mechanics,2000,66(2):187-219.

[14] WONG L N Y,EINSTEIN H H. Systematic evaluation of cracking behavior in specimens containing single flaws under uniaxial compression[J]. International journal of rock mechanics and mining sciences,2009,46(2):239-249.

[15] YANG S Q,JING H W. Strength failure and crack coalescence behavior of brittle sandstone samples containing a single fissureunder uniaxial compression[J]. International journal of fracture,2011,168(2):227-250.

[16] WONG R H C,CHAU K T. Crack coalescence in a rock-like material containing two cracks[J]. International journal of rock mechanics and mining sciences,1998,35(2):

147-164.

[17] BOBET A, EINSTEIN H H. Fracture coalescence in rock-type materials under uniaxial and biaxial compression[J]. International journal of rock mechanics and mining sciences,1998,35(7):863-888.

[18] WONG L N Y,EINSTEIN H H. Crack coalescence in molded gypsum and Carrara marble:part 1. macroscopic observations and interpretation[J]. Rock mechanics and rock engineering,2009,42(3):475-511.

[19] WONG L N Y,EINSTEIN H H. Crack coalescence in molded gypsum and Carrara marble:part 2-microscopic observations and interpretation[J]. Rock mechanics and rock engineering,2009,42(3):513-545.

[20] LEE H,JEON S. An experimental and numerical study of fracture coalescence in pre-cracked specimens under uniaxial compression[J]. International journal of solids and structures,2011,48(6):979-999.

[21] YANG S Q,TIAN W L,HUANG Y H,et al. An experimental and numerical study on cracking behavior of brittle sandstone containing two non-coplanar fissures under uniaxial compression[J]. Rock mechanics and rock engineering, 2016, 49 (4): 1497-1515.

[22] YANG S Q. Crack coalescence behavior of brittle sandstone samples containing two coplanar fissures in the process of deformation failure[J]. Engineering fracture mechanics,2011,78(17):3059-3081.

[23] HUANG Y H,YANG S Q,ZENG W. Experimental and numerical study on loading rate effects of rock-like material specimens containing two unparallel fissures[J]. Journal of central south university,2016,23(6):1474-1485.

[24] WONG R H C,CHAU K T,TANG C A,et al. Analysis of crack coalescencein rock-like materials containing three flaws-Part I:experimental approach[J]. International journal of rock mechanics and mining sciences,2001,38(7):909-924.

[25] FENG P,DAI F,LIU Y,et al. Mechanical behaviors of rock-like specimens with two non-coplanar fissures subjected to coupled static-dynamic loads[J]. Engineering fracture mechanics,2018,199:692-704.

[26] 张平,李宁,贺若兰,等.动载下两条断续预制裂隙贯通机制研究[J].岩石力学与工程学报,2006,25(6):1210-1217.

[27] 梁正召,肖东坤,李聪聪,等.断续节理岩体强度与破坏特征的数值模拟研究[J].岩土工程学报,2014,36(11):2086-2095.

[28] CAO R H,CAO P,LIN H,et al. Mechanical behavior of brittle rock-like specimens with pre-existing fissures under uniaxial loading:experimental studies and particle mechanics approach[J]. Rock mechanics and rock engineering,2016,49(3):763-783.

[29] SAGONG M,BOBET A. Coalescence of multiple flaws in a rock-model material in uniaxial compression[J]. International journal of rock mechanics and mining sciences, 2002,39(2):229-241.

[30] PRUDENCIO M,JAN M V S. Strength and failure modes of rock mass models with non-persistent joints[J]. International journal of rock mechanics and mining sciences, 2007,44(6):890-902.

[31] BAHAADDINI M,SHARROCK G,HEBBLEWHITE B K. Numerical investigation of the effect of joint geometrical parameters on the mechanical properties of a non-persistent jointed rock mass under uniaxial compression [J]. Computers and geotechnics,2013,49:206-225.

[32] 陈新,廖志红,李德建.节理倾角及连通率对岩体强度、变形影响的单轴压缩试验研究[J].岩石力学与工程学报,2011,30(4):781-789.

[33] CHEN X,LIAO Z H,PENG X. Deformability characteristics of jointed rock masses under uniaxial compression [J]. International journal of mining science and technology,2012,22(2):213-221.

[34] CHENG C,CHEN X,ZHANG S F. Multi-peak deformation behavior of jointed rock mass under uniaxial compression:insight from particle flow modeling[J]. Engineering geology,2016,213:25-45.

[35] 陈新,王仕志,李磊.节理岩体模型单轴压缩破碎规律研究[J].岩石力学与工程学报,2012,31(5):898-907.

[36] YANG X X,JING H W,TANG C N,et al. Effect of parallel joint interaction on mechanical behavior of jointed rock massmodels[J]. International journal of rock mechanics and mining sciences,2017,92:40-53.

[37] YANG X X,KULATILAKE P H S W,JING H W,et al. Numerical simulation of a jointed rock block mechanical behavior adjacent to an underground excavation and comparison with physical model test results[J]. Tunnelling and underground space technology,2015,50:129-142.

[38] 杨旭旭.不同应力环境下断续节理岩体结构效应模型试验研究[D].徐州:中国矿业大学,2016.

[39] 黄明利,黄凯珠.三维表面裂纹相互作用扩展贯通机制试验研究[J].岩石力学与工程学报,2007,26(9):1794-1799.

[40] LIU P,JU Y,GAO F,et al. CT identification and fractal characterization of 3-D propagation and distribution of hydrofracturing cracks in low-permeability heterogeneous rocks[J]. Journal of geophysical research:solid earth,2018,123(3):2156-2173.

[41] DE SILVA V R S,RANJITH P G,PERERA M S A,et al. A low energy rock fragmentation technique for in situ leaching[J]. Journal of cleaner production,2018,204:586-606.

[42] ZHOU H W,ZHONG J C,REN W G,et al. Characterization of pore-fracture networks and their evolution at various measurement scales in coal samples using X-ray μCT and a fractal method[J]. International journal of coal geology,2018,189:35-49.

[43] ABANTO-BUENO J, LAMBROS J. Investigation of crack growth in functionally graded materials using digital image correlation[J]. Engineering fracture mechanics, 2002,69(14-16):1695-1711.

[44] YATES J R, ZANGANEH M, TAI Y H. Quantifying crack tip displacement fields with DIC[J]. Engineering fracture mechanics, 2010, 77(11):2063-2076.

[45] LI D Y, ZHU Q Q, ZHOU Z L, et al. Fracture analysis of marble specimens with a hole under uniaxial compression by digital image correlation[J]. Engineering fracture mechanics, 2017, 183:109-124.

[46] 杨圣奇,吕朝辉,渠涛. 含单个孔洞大理岩裂纹扩展细观试验和模拟[J]. 中国矿业大学学报,2009,38(6):774-781.

[47] 杨圣奇. 裂隙岩石力学特性研究及时间效应分析[M]. 北京:科学出版社,2011.

[48] 李廷春. 三维裂隙扩展的 CT 试验及理论分析研究[D]. 北京:中国科学院研究生院(武汉岩土力学研究所),2005.

[49] HUANG Y H, YANG S Q. Mechanical and cracking behavior of granite containing two coplanar flaws under conventional triaxial compression[J]. International journal of damage mechanics, 2019, 28(4):590-610.

[50] KOVÁRI K. History of the sprayed concrete lining method—part II: milestones up to the 1960s[J]. Tunnelling and underground space technology, 2003, 18(1):71-83.

[51] BROWN E T. Rock mechanics and the Snowy Mountains Scheme[M]//Proceedings of 1999 invitation symposium. Melbourne:[s. n.],1999.

[52] LANG T A. Theory and practice of rock bolting[J]. Transactions of the American institute of mining engineers, 1961, 220:333-348.

[53] 史元伟,张声涛,尹世魁,等. 国内外煤矿深部开采岩层控制技术[M]. 北京:煤炭工业出版社,2009.

[54] 侯朝炯,王襄禹,柏建彪,等. 深部巷道围岩稳定性控制的基本理论与技术研究[J]. 中国矿业大学学报,2021,50(1):1-12.

[55] 方祖烈. 拉压域特征及主次承载区的维护理论[C]//中国 CSRM 软岩工程专业委员会第二届学术大会论文集. 北京:中国铁道出版社,1999.

[56] 何满潮,高尔新. 软岩巷道耦合支护力学原理及其应用[J]. 水文地质工程地质,1998,25(2):1-4.

[57] 康红普,王金华,林健. 高预应力强力支护系统及其在深部巷道中的应用[J]. 煤炭学报,2007,32(12):1233-1238.

[58] WINDSOR C R. Rock reinforcement systems[J]. International journal of rock mechanics and mining sciences, 1997, 34(6):919-951.

[59] FARMER I W. Stress distribution along a resin grouted rock anchor[J]. International journal of rock mechanics and mining sciences & geomechanics abstracts, 1975, 12(11):347-351.

[60] FREEMAN T. The behaviour of fully-bonded rock bolts in the kielder experimental tunnel [J]. International journal of rock mechanics and mining sciences & geomechanics abstracts,

1978,15(5):37-40.
[61] BJÖRNFOT F,STEPHANSSON O. Interaction of grouted rock bolts and hard rock masses at variable loading in a test drift of the Kiirunavaara Mine[C]//Proceedings of the International Symposium on Rock Bolting. Sweden:Balkema Publishers,1984.
[62] 邬爱清,韩军,罗超文,等. 单孔复合型锚杆锚固体应力分布特征研究[J]. 岩石力学与工程学报,2004,23(2):247-251.
[63] 朱焕春,荣冠,肖明,等. 张拉荷载下全长粘结锚杆工作机理试验研究[J]. 岩石力学与工程学报,2002,21(3):379-384.
[64] 曹国金,姜弘道,熊红梅. 一种确定拉力型锚杆支护长度的方法[J]. 岩石力学与工程学报,2003,22(7):1141-1145.
[65] 曾宪明,林大路,李世民,等. 锚固类结构杆体临界锚固长度问题综合研究[J]. 岩石力学与工程学报,2009,28(增2):3609-3625.
[66] LI C C, KRISTJANSSON G, HØIEN A H. Critical embedment length and bond strength of fully encapsulated rebar rockbolts[J]. Tunnelling and underground space technology,2016,59:16-23.
[67] LI C C,STILLBORG B. Analytical models for rock bolts[J]. International journal of rock mechanics and mining sciences,1999,36(8):1013-1029.
[68] SRIVASTAVA L P,SINGH M. Empirical estimation of strength of jointed rocks traversed by rock bolts based on experimental observation[J]. Engineering geology,2015,197:103-111.
[69] 叶金汉. 裂隙岩体的锚固特性及其机理[J]. 水利学报,1995,26(9):68-74.
[70] 朱敬民,王林,顾金才,等. 岩石和锚杆组合材料力学性能的模拟试验研究[J]. 重庆建筑工程学院学报,1988 (2):11-18.
[71] 侯朝炯,勾攀峰. 巷道锚杆支护围岩强度强化机理研究[J]. 岩石力学与工程学报,2000,19(3):342-345.
[72] 王斌,宁勇,冯涛,等. 单轴压缩条件下锚杆影响脆性岩体破裂的细观机制[J]. 岩土工程学报,2018,40(9):1593-1600.
[73] 朱维申,李术才,陈卫忠. 节理岩体破坏机理和锚固效应及工程应用[M]. 北京:科学出版社,2002.
[74] 张强勇,朱维申. 裂隙岩体弹塑性损伤本构模型及其加锚计算(英文)[J]. 岩土工程学报,1998,20(6):90-95.
[75] BJURSTROM S. Shear strength of hard rock joints reinforced by grouted untensioned bolts[C]//DenverProc 3rd Cong ISRM. Denver:[s. n.],1974.
[76] HAAS C J. Shear resistance of rock bolts[J]. Trans soc min eng aime,1976,260:1.
[77] DIGHT P M. Improvements to the stability of rock walls in open pit mines:By Phillip M. Dight[D]. Melbourne:Monash University,1982.
[78] HIBINO S,MOTOJIMA M. Anisotropic behavior of jointed rock mass around large-scale caverns[C]//9th ISRM Congress. Paris:[s. n.],1999.
[79] FERRERO A M. The shear strength of reinforced rock joints[J]. International

journal of rock mechanics and mining sciences & geomechanics abstracts,1995,32(6):595-605.

[80] CHEN Y,LI C C. Influences of loading condition and rock strength to the performance of rock bolts[J]. Geotechnical testing journal,2015,38(2):20140033.

[81] CHEN Y,LI C C. Performance of fully encapsulated rebar bolts and D-Bolts under combined pull-and-shear loading[J]. Tunnelling and underground space technology,2015,45:99-106.

[82] 葛修润,刘建武. 加锚节理面抗剪性能研究[J]. 岩土工程学报,1988,10(1):8-19.

[83] 刘泉声,雷广峰,彭星新,等. 锚杆锚固对节理岩体剪切性能影响试验研究及机制分析[J]. 岩土力学,2017,38(增1):27-35.

[84] 朱维申,任伟中. 船闸边坡节理岩体锚固效应的模型试验研究[J]. 岩石力学与工程学报,2001,20(5):720-725.

[85] 杨为民. 锚杆对断续节理岩体的加固作用机理及应用研究[D]. 济南:山东大学,2009.

[86] 王平,冯涛,朱永建,等. 加锚多组有序裂隙类岩体单轴破断试验分析[J]. 岩土工程学报,2015,37(9):1644-1652.

[87] 王平,冯涛,朱永建,等. 加锚预制裂隙类岩体锚固机制试验研究及其数值模拟[J]. 岩土力学,2016,37(3):793-801.

[88] 张宁,李术才,李明田,等. 单轴压缩条件下锚杆对含三维表面裂隙试件的锚固效应试验研究[J]. 岩土力学,2011,32(11):3288-3294.

[89] 张宁,李术才,吕爱钟,等. 拉伸条件下锚杆对含表面裂隙类岩石试件加固效应试验研究[J]. 岩土工程学报,2011,33(5):769-776.

[90] ZHANG B,LI S C,XIA K W,et al. Reinforcement of rock mass with cross-flaws using rock bolt[J]. Tunnelling and underground space technology,2016,51:346-353.

[91] 张波,李术才,杨学英,等. 含交叉裂隙节理岩体锚固效应及破坏模式[J]. 岩石力学与工程学报,2014,33(5):996-1003.

[92] LEI G F,LIU Q S,PENG X X,et al. Experimental study on mechanical properties of fractured rock mass under different anchoring modes[J]. European journal of environmental and civil engineering,2020,24(7):931-948.

[93] 周辉,徐荣超,张传庆,等. 预应力锚杆锚固止裂效应的试验研究[J]. 岩石力学与工程学报,2015,34(10):2027-2037.

[94] 周辉,徐荣超,张传庆,等. 预应力锚杆对岩体板裂化的控制机制研究[J]. 岩土力学,2015,36(8):2129-2136.

[95] 李润. 循环荷载作用下节理岩体边坡疲劳劣化及其锚固效应研究[D]. 福州:福州大学,2014.

[96] 张茂林. 断续节理岩体破裂演化特征与锚固控制机理研究[D]. 徐州:中国矿业大学,2013.

[97] BARTON N,BAKHTAR K. Bolt design based on shear strength[C]// International Symposium on Rock Bolting. Sweden:[s. n.],1983.

[98] HAAS C. Analysis of rock bolting to prevent shear movement in fractured ground

[J]. Mining engineering,1981,33(6):698-704.
[99] GRASSELLI G. 3D Behaviour of bolted rock joints:experimental and numerical study [J]. International journal of rock mechanics and mining sciences,2005,42(1):13-24.
[100] 付宏渊,蒋中明,李怀玉,等. 锚固岩体力学特性试验研究[J]. 中南大学学报(自然科学版),2011,42(7):2095-2101.
[101] 韩建新,李术才,李树忱,等. 贯穿裂隙岩体锚固方向优化的模型研究[J]. 工程力学,2012,29(12):163-169.
[102] 康红普,姜铁明,高富强. 预应力锚杆支护参数的设计[J]. 煤炭学报,2008,33(7):721-726.
[103] 高大水,曾勇. 三峡永久船闸高边坡锚索预应力状态监测分析[J]. 岩石力学与工程学报,2001,20(5):653-656.
[104] 张镇,康红普,王金华. 煤巷锚杆-锚索支护的预应力协调作用分析[J]. 煤炭学报,2010,35(6):881-886.
[105] 康红普,崔千里,胡滨,等. 树脂锚杆锚固性能及影响因素分析[J]. 煤炭学报,2014,39(1):1-10.
[106] 康红普. 煤矿井下应力场类型及相互作用分析[J]. 煤炭学报,2008,33(12):1329-1335.
[107] 林健,石垚,孙志勇,等. 端部锚固锚杆预应力场分布特征的大型模型试验研究[J]. 岩石力学与工程学报,2016,35(11):2237-2247.
[108] 王洪涛,王琦,王富奇,等. 不同锚固长度下巷道锚杆力学效应分析及应用[J]. 煤炭学报,2015,40(3):509-515.
[109] 刘爱卿,鞠文君,许海涛,等. 锚杆预紧力对节理岩体抗剪性能影响的试验研究[J]. 煤炭学报,2013,38(3):391-396.
[110] HIBINO S,MOTOJIMA M. Effects of rock bolting in jointy rocks[C]//Proceedings of the ISRM International Symposium. Tokyo:[s. n.],1981.
[111] ZONG Y J,HAN L J,QU T,et al. Mechanical properties and failure characteristics of fractured sandstone with grouting and anchorage[J]. International journal of mining science and technology,2014,24(2):165-170.
[112] 孟波,靖洪文,杨旭旭,等. 破裂围岩锚固体变形破坏特征试验研究[J]. 岩石力学与工程学报,2013,32(12):2497-2505.
[113] 王琦. 深部厚顶煤巷道围岩破坏控制机理及新型支护系统对比研究[D]. 济南:山东大学,2012.
[114] 陈坤福. 深部巷道围岩破裂演化过程及其控制机理研究与应用[D]. 徐州:中国矿业大学,2009.
[115] MEYER L H I. Numerical modelling of ground deformation around underground development roadways, with particular emphasis on three dimensional modelling of the effects of high horizontal stress[D]. Exete:University of Exeter,2002.
[116] HIDALGO K P, NORDLUND E. Failure process analysis of spalling failure-Comparison of laboratory test and numerical modelling data[J]. Tunnelling and

underground space technology,2012,32:66-77.

[117] MARK C,GALE W,OYLER D,et al. Case history of the response of a longwall entry subjected to concentrated horizontal stress[J]. International journal of rock mechanics and mining sciences,2007,44(2):210-221.

[118] PELLET F,ROOSEFID M,DELERUYELLE F. On the 3D numerical modelling of the time-dependent development of the damage zone around underground galleries during and after excavation[J]. Tunnelling and underground space technology, 2009,24(6):665-674.

[119] TANG S B,TANG C A. Numerical studies on tunnel floor heave in swelling ground under humid conditions[J]. International journal of rock mechanics and mining sciences,2012,55:139-150.

[120] SHEN B T. Coal mine roadway stability in soft rock: a case study[J]. Rock mechanics and rock engineering,2014,47(6):2225-2238.

[121] KARAMPINOS E, HADJIGEORGIOU J, HAZZARD J, et al. Discrete element modelling of the buckling phenomenon in deep hard rock mines[J]. International journal of rock mechanics and mining sciences,2015,80:346-356.

[122] GAO F Q,STEAD D,KANG H P. Numerical simulation of squeezing failure in a coal mine roadway due to mining-induced stresses[J]. Rockmechanics and rock engineering,2015,48(4):1635-1645.

[123] CHEN M,YANG S Q,ZHANG Y C,et al. Analysis of the failure mechanism and support technology for the Dongtan deep coal roadway[J]. Geomechanics and engineering,2016,11(3):401-420.

[124] YANG H Q,LIU J F,WONG L N Y. Influence of petroleum on the failure pattern of saturated pre-cracked and intact sandstone[J]. Bulletin of engineering geology and the environment,2018,77(2):767-774.

[125] ZHOU X P,CHENG H,FENG Y F. An experimental study of crack coalescence behaviour in rock-like materials containing multiple flaws under uniaxial compression[J]. Rock mechanics and rock engineering,2014,47(6):1961-1986.

[126] 李术才,杨磊,李明田,等. 三维内置裂隙倾角对类岩石材料拉伸力学性能和断裂特征的影响[J]. 岩石力学与工程学报,2009,28(2):281-289.

[127] SHEN B. The mechanism of fracture coalescence in compression—experimental study and numerical simulation[J]. Engineering fracture mechanics, 1995, 51(1): 73-85.

[128] WONG L N Y,EINSTEIN H H. Crack coalescence in molded gypsum and Carrara marble:part 1. macroscopic observations and interpretation[J]. Rock mechanics and rock engineering,2009,42(3):475-511.

[129] 张国凯,李海波,王明洋,等. 基于声学测试和摄像技术的单裂隙岩石裂纹扩展特征研究[J]. 岩土力学,2019,40(增刊1):1-11.

[130] 蔡美峰. 岩石力学与工程[M]. 2版. 北京:科学出版社,2013.

[131] ISRM. Suggested methods for determining tensile strength of rock materials[J]. International journal of rock mechanics and mining sciences & geomechanics abstracts,1978,15(6):124.

[132] ZHUANG X Y,CHUN J W,ZHU H H. A comparative study on unfilled and filled crack propagation for rock-like brittle material[J]. Theoretical and applied fracture mechanics,2014,72:110-120.

[133] NATH F,MOKHTARI M. Optical visualization of strain development and fracture propagation in laminated rocks[J]. Journal of petroleum science and engineering, 2018,167:354-365.

[134] YIN P F, YANG S Q. Experimental investigation of the strength and failure behavior of layered sandstone under uniaxial compression and Brazilian testing[J]. Actageophysica,2018,66(4):585-605.

[135] BRUCK H A,MCNEILL S R,SUTTON M A,et al. Digital image correlation using Newton-Raphson method of partial differential correction [J]. Experimental mechanics,1989,29(3):261-267.

[136] SHIOTANI T,OHTSU M,IKEDA K. Detection and evaluation of AE waves due to rock deformation[J]. Construction and building materials,2001,15(5-6):235-246.

[137] 李存宝,谢和平,谢凌志. 页岩起裂应力和裂纹损伤应力的试验及理论[J]. 煤炭学报,2017,42(4):969-976.

[138] BRACE W F, PAULDING JR B W, SCHOLZ C. Dilatancy in the fracture of crystalline rocks[J]. Journal of geophysical research,1966,71(16):3939-3953.

[139] REN J X. Real-time CT monitoring for the meso-damage propagation characteristics of rock under triaxial compression[J]. Journal of experimental mechanics,2001,132475462.

[140] EBERHARDT E, STEAD D, STIMPSON B, et al. Changes in acoustic event properties with progressive fracture damage [J]. International journal of rock mechanics and mining sciences,1997,34(3-4):71. e1-71. e12.

[141] PARK C H,BOBET A. Crack initiation,propagation and coalescence from frictional flaws in uniaxial compression[J]. Engineering fracture mechanics, 2010, 77 (14): 2727-2748.

[142] 李庶林,唐海燕. 不同加载条件下岩石材料破裂过程的声发射特性研究[J]. 岩土工程学报,2010,32(1):147-152.

[143] 周辉,孟凡震,张传庆,等. 结构面剪切过程中声发射特性的试验研究[J]. 岩石力学与工程学报,2015,34(增 1):2827-2836.

[144] FAN X,KULATILAKE P H S W,CHEN X. Mechanical behavior of rock-like jointed blocks with multi-non-persistent joints under uniaxial loading: a particle mechanics approach[J]. Engineering geology,2015,190:17-32.

[145] YANG S Q, CHEN M, TAO Y. Experimental study on anchorage mechanical behavior and surface cracking characteristics of a non-persistent jointed rock mass [J]. Rockmechanics and rock engineering,2021,54(3):1193-1221.

[146] DING S X,JING H W,CHEN K F,et al. Stress evolution and support mechanism of a bolt anchored in a rock mass with a weak interlayer[J]. International journal of mining science and technology,2017,27(3):573-580.

[147] 腾俊洋,张宇宁,唐建新,等. 单轴压缩下含层理加锚岩石力学特性研究[J]. 岩土力学,2017,38(7):1974-1982.

[148] 沈观林,胡更开,刘彬. 复合材料力学[M]. 2 版. 北京:清华大学出版社,2013.

[149] D A HUANG,GU D M,YANG C,et al. Investigation on mechanical behaviors of sandstone with two preexisting flaws under triaxial compression[J]. Rock mechanics and rock engineering,2016,49(2):375-399.

[150] HUANG Y H,YANG S Q,ZHAO J. Three-dimensional numerical simulation on triaxial failure mechanical behavior of rock-like specimen containing two unparallel fissures[J]. Rock mechanics and rock engineering,2016,49(12):4711-4729.

[151] HAN G S,JING H W,JIANG Y J,et al. The effect of joint dip angle on the mechanical behavior of infilled jointed rock masses under uniaxial and biaxial compressions[J]. Processes,2018,6(5):49.

[152] 刘学伟,刘泉声,刘滨,等. 侧向压力对裂隙岩体破坏形式及强度特征的影响[J]. 煤炭学报,2014,39(12):2405-2411.

[153] 刘学伟,刘泉声,陈元,等. 裂隙形式对岩体强度特征及破坏模式影响的试验研究[J]. 岩土力学,2015,36(增刊 2):208-214.

[154] 肖桃李,李新平,贾善坡. 含 2 条断续贯通预制裂隙岩样破坏特性的三轴压缩试验研究[J]. 岩石力学与工程学报,2015,34(12):2455-2462.

[155] 王成虎,宋成科,刘立鹏. 地下洞室围岩脆性破坏时的应力特征研究[J]. 岩土力学,2012,33(增刊 1):1-7

[156] HUDSON J A. Rock mechanics principles in engineering practice[J]. International journal of rock mechanics and mining sciences & geomechanics abstracts,1989,26(6):289.

[157] 陈璐,谭云亮,臧传伟,等. 加锚岩石力学性质及破坏特征试验研究[J]. 岩土力学,2014,35(2):413-422.

[158] RICKMAN R,MULLEN M,PETRE E,et al. A practical use of shale petrophysics for stimulation design optimization:all shale plays are not clones of the barnett shale[C]//All Days. September 21-24,2008. Denver,Colorado,USA. SPE,2008.

[159] HUCKA V,DAS B. Brittleness determination of rocks by different methods[J]. International journal of rock mechanics and mining sciences & geomechanics abstracts,1974,11(10):389-392.

[160] 王宇,李晓,武艳芳,等. 脆性岩石起裂应力水平与脆性指标关系探讨[J]. 岩石力学与工程学报,2014,33(2):264-275.

[161] 周辉,孟凡震,张传庆,等. 基于应力 - 应变曲线的岩石脆性特征定量评价方法[J]. 岩石力学与工程学报,2014,33(6):1114-1122.

[162] 夏英杰,李连崇,唐春安,等. 基于峰后应力跌落速率及能量比的岩体脆性特征评价方

法[J]. 岩石力学与工程学报,2016,35(6):1141-1154.

[163] 陈国庆,赵聪,魏涛,等. 基于全应力-应变曲线及起裂应力的岩石脆性特征评价方法[J]. 岩石力学与工程学报,2018,37(1):51-59.

[164] TARASOV B,POTVIN Y. Universal criteria for rock brittleness estimation under triaxial compression [J]. International journal of rock mechanics and mining sciences,2013,59:57-69.

[165] YANG S Q,CHEN M,HUANG Y H,et al. An experimental study on fracture evolution mechanism of a non-persistent jointed rock mass with various anchorage effects by DSCM,AE and X-ray CT observations[J]. International journal of rock mechanics and mining sciences,2020,134:104469.

[166] DYSKIN A V,SAHOURYEH E,JEWELL R J,et al. Influence of shape and locations of initial 3-D cracks on their growth in uniaxial compression [J]. Engineering fracture mechanics,2003,70(15):2115-2136.

[167] WANG C L,GAO A S,SHI F,et al. Three-dimensional reconstruction and growth factor model for rock cracks under uniaxial cyclic loading/unloading by X-ray CT [J]. Geotechnical testing journal,2019,42(1):20170407.

[168] ZHOU M Y,ZHANG Y F,ZHOU R Q,et al. Mechanical property measurements and fracture propagation analysis of longmaxi shale by micro-CT uniaxial compression[J]. Energies,2018,11(6):1409.

[169] DUAN Y T,LI X,ZHENG B,et al. Cracking evolution and failure characteristics of longmaxi shale under uniaxial compression using real-time computed tomography scanning[J]. Rockmechanics and rock engineering,2019,52(9):3003-3015.

[170] WANG G,CHU X Y,YANG X X. Numerical simulation of gas flow in artificial fracture coal by three-dimensional reconstruction based on computed tomography [J]. Journal of natural gas science and engineering,2016,34:823-831.

[171] LIU X X,LIANG Z Z,ZHANG Y B,et al. Experimental study on the monitoring of rockburst in tunnels under dry and saturated conditions using AE and infrared monitoring[J]. Tunnelling and underground space technology,2018,82:517-528.

[172] ZHANG C Q,FENG X T,ZHOU H,et al. Case histories of four extremely intense rockbursts in deep tunnels[J]. Rockmechanics and rock engineering,2012,45(3):275-288.

[173] ZHOU H,MENG F Z,ZHANG C Q,et al. Analysis of rockburst mechanisms induced by structural planes in deep tunnels[J]. Bulletin of engineering geology and the environment,2015,74(4):1435-1451.

[174] GAO F Q,KANG H P. Experimental study on the residual strength of coal under low confinement[J]. Rock mechanics and rock engineering,2017,50(2):285-296.

[175] 吴拥政. 锚杆杆体的受力状态及支护作用研究[D]. 北京:煤炭科学研究总院,2009.

[176] 李为腾,李术才,玄超,等. 高应力软岩巷道支护失效机制及控制研究[J]. 岩石力学与工程学报,2015,34(9):1836-1848.

[177] ZANG C W, CHEN M, ZHANG G C, et al. Research on the failure process and stability control technology in a deep roadway: numerical simulation and field test [J]. Energyscience & engineering, 2020, 8(7): 2297-2310.

[178] YANG S Q, CHEN M, JING H W, et al. A case study on large deformation failure mechanism of deep soft rock roadway in Xin' An coal mine, China [J]. Engineering & geology, 2017, 217: 89-101.

[179] 牛双建,靖洪文,张忠宇,等.深部软岩巷道围岩稳定控制技术研究及应用[J].煤炭学报,2011,36(6):914-919.

[180] GAO F Q, STEAD D, KANG H P, et al. Discrete element modelling of deformation and damage of a roadway driven along an unstable goaf-A case study [J]. International journal of coal geology, 2014, 127: 100-110.

[181] YANG S Q, CHEN M, FANG G, et al. Physical experiment and numerical modelling of tunnel excavation in slanted upper-soft and lower-hard strata[J]. Tunnelling and underground space technology, 2018, 82: 248-264.

[182] 方刚,杨圣奇,孙建中,等.深部厚煤层巷道失稳破裂演化过程离散元模拟研究[J].采矿与安全工程学报,2016,33(4):676-683.

[183] ITASCA U. Version 5.0 user's manuals[R]. Wirt: Itasca Consulting Group Minneapolis, NM, 2008.

[184] 卢兴利.深部巷道破裂岩体块系介质模型及工程应用研究[D].北京:中国科学院研究生院(武汉岩土力学研究所),2010.

[185] BRADY B H, BROWN E T. Rock mechanics: for underground mining[M]. Berlin: springer science & business media, 2013.

[186] GUROCAK Z. Analyses of stability and support design for a diversion tunnel at the Kapikaya Dam site, Turkey[J]. Bulletin ofengineering geology and the environment, 2011, 70(1): 41-52.

[187] MARINOS P, HOEK E. Estimating the geotechnical properties of heterogeneous rock masses such as flysch[J]. Bulletin ofengineering geology and the environment, 2001, 60(2): 85-92.

[188] HOEK E, BROWN E T. Practical estimates of rock mass strength[J]. International journal of rock mechanics and mining sciences, 1997, 34(8): 1165-1186.

[189] HOEK E, CARRANZA-TORRES C, CORKUM B. Hoek-Brown failure criterion-2002 edition[J]. Proceedings of NARMS-Tac, 2002, 1(1): 267-73.

[190] ZHANG L Y, EINSTEIN H H. Using RQD to estimate the deformation modulus of rock masses[J]. International journal of rock mechanics and mining sciences, 2004, 41(2): 337-341.

[191] SINGH M, RAO K S. Empirical methods to estimate the strength of jointed rock masses[J]. Engineering geology, 2005, 77(1/2): 127-137.